La dimensión material de las nubes

Edición y corrección:
Lucía Egaña Rojas y Ce Quimera.

Editado por
Pluri Ediciones

Con contribuciones de:
Tau Luna Acosta, Tatiana Avendaño, María Bajo, Romina Casile,
Anaís Córdova-Páez, Ana CSC, Lucía Egaña Rojas, val flores,
Kina Madno, Elízabeth Manjarrés Ramos, Lucrecia Masson Córdoba,
Thais de Menezes, Valeska Morales Urbina, Caro Novella,
iki yos piña funes, Ce Quimera, Natalia Rivera, Iria Rodríguez,
danele sarriugarte mochales, Pablo Selín, Roberta Stubs, Nur Tissera
y Sophia Wong.

Diseño editorial y portada:
Camila Gonzalez S. — @ilacami_

ISBN:
978-84-128020-0-9

Este proyecto ha contado con el apoyo de Allianz Foundation
y la Fundación Daniel y Nina Carasso.

La dimensión material de las nubes

Pluriversidad Nómada

PLURI EDICIONES

PRIMERA
PARTE

CONTRA-COLONIAL MATTER

iki yos piña funes

yo fui porque fui antes.
de tal modo que yo seré y seré nuevamente
Kimbwandènde Kia

Escribo este texto sumergida en un movimiento de retro-acción, sumergida en los vectores infinitos de la fuga de la "cronosofía en espiral"[5], desde un cuerpo cimarrónico en fuga de la cisgeneridad que en tanto tecnología colonial forma parte del sistema de prisiones. Un cuerpo abrazadx y bendecidx por la guaichía y olokum.

Este pequeño texto tiene la vitalidad de un cuerpo ancestral y al mismo tiempo un cuerpo alterado por el biohacking a través de las plantas que alteran mi sistema hormonal, al mismo tiempo que la necrofarmapolítica.

5. Ver Martins, Leda María. Performance do tempo espiralar: Poeticas do corpo-tela (2021) Edit Cobogó.

Este texto es escrito desde S-pain, con un "permiso humanitario" que debo renovar cada 8 meses para "vivir" en esta plantación que tiene toda una tecnología antiblackness para evitar que cuerpos negros lleguen en este territorio.

Este texto lo escribo desde la diáspora caribeña, y es un ejercicio de reflexión en movimiento, de pensar y sentir las memorias del caribe black and brown, los residuos y las conexiones existentes entre la inseparabilidad de la materia, lo ancestralmente vivo, desconocidos por las disciplinas racionalizantes de occidente. Este ejercicio reflexivo es un esbozo de varias ideas inacabadas en torno a la memoria negra-cimarrona, el mar, el rapto trasatlántico, los daños al mundo de lo no humano generado por occidente, la sanación las alianzas de lo cuerpos vivos y la materia viva como acciones micropolíticas de resistencia contra-colonial.

we are matter

Quibayo es un templo natural, espiritual donde confluyen las fuerzas de la física y metafísica. Es un espacio de preservación ancestral de vidas negras y cimarronas fugitivas de la plantación de vidas-materia. En Quimbayo los cuerpos son materia, son médiums de articulación de orishas, Loas, los orí y la constelación infinita de egbé orum, que allí confluyen. Entender el cuerpo como materia (matter) es intentar comprender una dimensión geofísica de la composición de los cuerpos negros-cimarronxs y la inseparabilidad del tiempo residente como diría C. Sharpe. Los cuerpos sub-humanos-potencialmente subhumanos, que habitamos la underline histórica-estructural de la zona del "ser", en términos fanonianos. Entender el cuerpo como materia (matter) es intentar comprender una dimensión geofísica del cuerpo en el tiempo.

En la estela[6] se encuentran los cuerpos-materias. Un cuerpo-materia es un cuerpo que viaja en el tiempo no linealmente. Un cuerpo-materia no vuelve a la plantación. Trasciende el trauma, pero recuerda el trauma. Un cuerpo-materia vive en el presente de una *social death* pero logra "transportarse". Logra convertirse en el humo del tabaco, en el olor de la planta de ruda y en el sonido de dieciséis cauries cuando mi madre lo dejaba caer al suelo para tener un overview del mundo no evidente.

Un cuerpo-matter, un cuerpo cimarrón es un cuerpo que se ha configurado con partículas biológicas que han viajado en el tiempo. Los cuerpos fugitivos que escaparon en la captura masiva trasatlántica hecha por la supremacía blanca continúan vivos en los sedimentos de arena, en los corales y en la memoria de la arena, en un ecosistema submarino y terrestre, en una materia ancestral que ha formado parte de la danza de las Ballenas Grises con el yodo de la sal marina fusionado con el yodo de la sangre de cuerpos negros fugitivos.

6. Ver Christina Sharpe, In the wake: On blackness and being (2016) Duke University Press.

Alexis P. Gumbs habla sobre la "intimidad de las ballenas grises del Atlántico que se extinguieron poco después de la era del complejo de robo transatlántico, resalta como los huesos de les que no sobrevivieron, les que fueron arrojados o les que saltaron, se convirtieron en parte del sedimento las ballenas grises se filtran en la base de un ecosistema submarino", por supuesto. Esto es lo que C. Sharpe habla del tiempo residente. Y C. Sharpe piensa el tiempo residente en relación a la intimidad de las ballenas grises del atlántico y de cómo esas huídas de cuerpos negros y las ballenas se estaban convirtiendo en parte de ese ecosistema submarino que todavía está vivo con nosotres[7]. Para mí son cuerpos materias-trans especies de huida contra colonial.

"Gray Whales are world shapers. The only large whale to feed on sediment on the bottom of the ocean, they leave massive trails on the underwater surface of the earth. They dig up nutrients that feed whole ecosystems. And they have been missing from the Atlantic Ocean since the end of the transatlantic slave trade. What happened? Marine biologists say it is still a mystery why the Atlantic population of Gray Whales went extinct. Is it possible that whalers on enslaving ships killed Gray Whales and didn't report it?

7. Ver: Christina Sharpe, Alexis Pauline Gumbs. On water, salt, whales, and the black atlantics, 2021. https://thefunambulist.net/magazine/the-ocean/on-water-salt-whales-and-the-black-atlantics

Was there already a smaller population of Gray Whales than they had thought? Miscalculation and under-documentation are the theories so far. And no one mentions the timing of the transatlantic slave trade as relevant to the extinction of Atlantic Gray Whales. But me. I wonder. Yes. I wonder if the toxicity of the slave trade and its impact on the ocean have been under-reported. Lucille Clifton says "the Atlantic is a sea of bones." What is the half-life of the transubstantiation of life into servitude? Does it ever dissolve? And the bones of those captives who freed themselves, or left their bodies and were subsequently thrown overboard became what? Filtered ultimately into the baleen of the Atlantic Gray whale, right? So there is actually a digestive truth to the idea that the ancestors we lost in the transatlantic slave trade became whales. Is sediment sentient? Kriti Sharma is embarking on an underwater research project about deep sea sediment that might be countering methane to rebalance the planet. Don't sleep on sediment, at the bottom, knowledge grows. And maybe there is more to the interspecies relation. Could there have been an interspecies pact between those who would not survive the transatlantic slave trade. Could it be that a refusal to survive the slave trade could be transferred between species? Did the Gray Whales act out of solidarity refusing the terms of a betrayal they held in their stomachs. Or, since researchers have recently discovered that Gray Whales can migrate between the Atlantic and Pacific Oceans, did the

Atlantic Gray Whales simply leave the Atlantic in response to their intimate knowledge..." [8].

8. "Las ballenas grises son moldeadoras del mundo. La única ballena grande que se alimenta de sedimentos en el fondo del océano, deja enormes rastros en la tierra submarina. Las ballenas extraen nutrientes que alimentan ecosistemas enteros. Y han estado desaparecidas del Océano Atlántico desde el final de la trata esclavista transatlántica. ¿Qué pasó? Los biólogos marinos dicen que todavía es un misterio por qué se extinguió la población atlántica de ballenas grises. ¿Es posible que los balleneros de barcos esclavistas mataran ballenas grises y no lo reportaran? ¿Había ya una pequeña población de ballenas grises de lo que habían imaginado? Los errores de cálculo y la falta de documentación son las teorías hasta ahora. Y nadie menciona el momento del comercio transatlántico de esclavos como relevante para la extinción de las ballenas grises del Atlántico. Pero yo. Me pregunto. Sí. Me pregunto si la toxicidad de la trata de esclavos y su impacto en el océano han sido subestimados. Lucille Clifton dice que "el Atlántico es un mar de huesos". ¿Cuál es la vida media de la transubstanciación de la vida en servidumbre? ¿Esa sustancia alguna vez se disuelve? ¿Y los huesos de aquellos cautivos que se liberaron, o abandonaron sus cuerpos y luego fueron arrojados por la borda, en qué se convirtieron? Están filtrados finalmente en las barbas de la ballena gris del Atlántico, ¿verdad? Así que en realidad hay una verdad digestiva en la idea de que los ancestros que perdimos en el comercio transatlántico de esclavos se convirtieron en ballenas. ¿El sedimento es sensible? Kriti Sharma se está embarcando en un proyecto de investigación submarina sobre sedimentos de aguas profundas que podría estar contrarrestando el metano para reequilibrar el planeta. No duermas sobre sedimentos, en el fondo crece el conocimiento. Y tal vez haya más en la relación entre especies. ¿Podría haber habido un pacto entre especies entre aquellos que no sobrevivirían al comercio transatlántico de esclavos? ¿Podría ser que la negativa a sobrevivir al comercio de esclavos pudiera transferirse entre especies? ¿Actuaron las ballenas grises por solidaridad al rechazar los términos de una traición que tenían en el estómago? O, dado que los investigadores descubrieron recientemente que las ballenas grises pueden migrar entre los océanos Atlántico y Pacífico, ¿las ballenas

Alianza contra colonial de las materias vivas

La intimidad de la materia llega a lugares domésticos y a la ritualidad de los cuerpos de la diáspora. Pensemos en el tránsito de un caurí, buzios, petaw, ebambara, en el océano atlántico, pensemos el yodo de la sal, el yodo de la sangre y en los residuos óseos en estos caracoles presentes en el tablero de ifá y en la fiesta del fuego en Quibayo.

Mi madre también es materia, así le dicen también a los cuerpos medium. Un cuerpo-materia es un cuerpo en conexión con lo que el mundo no puede ver. Un cuerpo-materia es un cuerpo en conexión "con lo que la arena recuerda"[9], con lo que el mar "recuerda", con lo que las rocas recuerdan. En Quibayo mi madre caminaba descalza sobre carbones rojos, materia sobre materia. El carbón también es materia, como la de los cuerpos negros e indígenas trasladado de un continente a otro como "materia prima".

Yo soy materia. Antes de comenzar nuevamente mi diáspora mi madre me dio los buzios que ella usaba. Los mantuve siempre conmigo hasta que los perdí en una de mis tantas mudanzas en europa. He insistido en dibujarlos siempre como una forma de recuperación de lo arrancado.

grises del Atlántico simplemente abandonaron el Atlántico en respuesta a su conocimiento íntimo...?".
Traducción propia de un texto de Alexis P. Gumbs en su cuenta de Instagram: https://www.instagram.com/p/B1wBjWBg1qD/?hl=es

9. Vanessa Agard-Jones. What the Sands Remember. GLQ (2012) 18 (2-3): 325–346, Duke University Press.

Los caracoles están en mi cuerpo y en mi memoria. Los buzios habitan en mí y yo habito este mundo como una manera de estar en el *in between* en este mundo al que no pertenezco pero al mismo tiempo pertenezco.

MATTER. BY IKI YOS PIÑA

imaginemos si la trata transatlántica no hubiese acontecido. imaginemos que la idea de desarrollo a partir del robo colonial, la acumulación de capital no hubiera aconte-cido. imaginemos que el tiempo geológico nos marca la vida y no la flecha del tiempo. imaginemos que la noción de naturaleza-cultura como binomio colonial no hubiese marcado nuestra existencia. imaginemos que la idea de naturaleza no hubiese requerido la idea de ecología como ficción reparativa a la materia-tierra viva.

Esto no es un ejercicio de romantización. Es un ejercicio de fabulación crítica como práctica imaginativa de auto-reparación simbólica ante el desastre ecológico generado por el colonialismo antrópico.

Gladis, es una Orca de un grupo de Ballenas que en el 2023 han atacado a más de 50 veleros en las costas de Gibraltar. En España en el año 2022 se calcula que 2.390 personas murieron ahogadas en el Mediterráneo. Se calcula, porque sus cuerpos no se buscan. 2.390 asesinatos en manos de los gobiernos electos de Europa que quedan impunes. 2.390 vidas a las que se suman las más de 500.000 personas que ahora mismo están esperando la #RegularizacionYa de sus papeles en España[10].

29 de agosto de 2022. Cerca de 19.000 personas en procesos migratorios se consideran desaparecidas en la ruta marítima del Mediterráneo, según la Organización Internacional de Migraciones, entre 2014 y 2019, y 3.300 en el año 2021 en ruta hacia Europa. Sólo el 13% de los cadáveres han sido recuperados y, por tanto, identificados como fallecidos[11].

10. Como por ejemplo el colectivo top manta. Colectivo de personas migrantes de origen africano, mayoritariamente por las fronteras sur de España. La página web del colectivo es: https://topmanta.store

11. https://www2.cruzroja.es/-/cruz-roja-implanta-un-proyec-to-de-identificaci-c3-b3n-de-personas-desaparecidas-en-ruta-migrato-ria-por-v-c3-ada-mar-c3-adtima.

We are the earthquake // Black el Dorado

En el 2020 comencé una residencia artística y de investigación en París con Jota Mombaça, pensando en la dimensión geológica anticolonial a partir del extractivismo Europeo. Las piedras tienen vida: la pirita, el llamado el oro de los tontos, fue la protección para evitar el robo de varias reservas de oro. Las rocas sanan y tienen memoria.

Para el Museo Madre, en Nápoles, para la exposición Rethinking Nature[12], realizamos una instalación con la presencia de dos trabajos audiovisuales que mostraban esta relación simultánea entre extractivismo y sanación en función del contacto con la materialidad geológica y biológica.

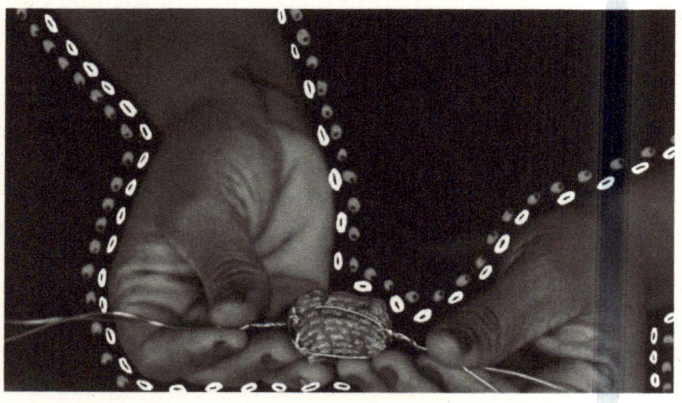

FRAME VIDEO INSTALACIÓN. 2021. WE ARE THE EARTHQUAKE

12. Para más información sobre el proyecto se puede consultar el siguiente enlace: https://www.madrenapoli.it/en/jota-mombaca-iki-yos-pina-narvaez/

Black El Dorado (We are the earthquake) is a poethical and political speculative exercise on the intricate relation of black-indigenous bodies, the constitution of the geological regime of modernity and the radical fugitivity of Pyrite (Fool's Gold). We believe that, by experiencing our bodies as ancestral matter, we are able to articulate the dense and violent histories of extraction that are inscribed in the colonized land, as well as to connect with the infinite potential for healing and earthly resilience that form our anti-colonial lifes and desires. In this sense, we are interested in ways of reading colonial narratives through its breaches, looking for deviant forms of agency that challenge modern-colonial conceptions of time, nature and power.[13]

Healing matter

La poética de la materia genera un proceso de conexión con lxs cuerpxs. Los cuerpos viajeros en el tiempo. Los cuerpos

13. El Dorado Negro (Somos el terremoto) es un ejercicio de especulación poética y política sobre la intrincada relación de los cuerpos negros-indígenas, la constitución del régimen geológico de la modernidad y la fugitividad radical de la Pirita (El oro de los tontos). Creemos que, al experimentar nuestros cuerpos como materia ancestral, somos capaces de articular las densas y violentas historias de extracción que se inscriben en la tierra colonizada, así como conectarnos con el infinito potencial de sanación y resiliencia terrenal que forman nuestras vidas y deseos anticoloniales. En este sentido, nos interesan las formas de leer las narrativas coloniales a través de sus brechas, buscando formas de agencia desviadas que desafíen las concepciones coloniales modernas del tiempo, la naturaleza y el poder.
Traducción propia de un texto de Alexis P. Gumbs en su cuenta de Instagram: https://www.instagram.com/p/B1wBjWBg1qD/?hl=es

marcados al nacer. Cuando eres un cuerpo-materia logras no dividir lo de afuera con el adentro, logras marcar una inseparabilidad física y metafísica. Quibayo, ese lugar de refugio ancestral donde los cuerpos-materia se transportan y reciben entidades espirituales, fortalecen su orí y logran danzar, dialogar y besar el fuego, el carbón, la pirita, el azabache, los buzios, el coral y los sedimentos del mar. Esa materia resiste en un tiempo geológico a las acciones antrópicas, esa materia tiene memoria contra colonial.

ECHARSE CON VACAS
[Escena de investigación para ejercicio de Imaginación]

Lucrecia Masson Córdoba

El recorrido que propongo con este texto es abrir un ejercicio de imaginación a partir de una escena de investigación. Quiero hablar de una práctica que es mi cuerpo investigando con vacas. Lo que ofrezco acá es posiblemente una apertura de aquello que sucedió, asumiendo la parcialidad de esto, es decir dando lugar a lo que posiblemente pasó y no pude ver. Iré trayendo algunas herramientas conceptuales, a las que pienso como abridores. Como un abridor de vino, como un abridor de latas. Algo cuya utilidad es completamente parte de la x situación que lo hará indispensable, algo que no puede ser pensado sin esas cosas que abrirá. Imagino el abridor junto con los objetos que abre, a la vez que se me escapan -seguro-

algunas de sus posibilidades de uso, no es posible saberlo del todo: el momento me dirá cuándo sacar el abridor.

Se trata de cómo apliqué esto en un trabajo de investigación con -creía yo- vacas, pero fueron vacas y no solo. Esta escena parte de una investigación más amplia en la que propongo una indagación creativa de cuerpo y animalidad. Trabajo con rumiantes[14] desde hace años, concretamente con vacas. De manera transdisciplinar exploro la posibilidad de una ontoepistemología rumiante, a partir de la vaca y su exceso (de carne y no solo)[15] junto con el territorio. La rumia, como movimiento de regurgitado que implica el paso de un estómago a otro, invita a un proceso donde se desdibujan el principio y el final en la acción nutritiva. Se trata de un complejo sistema digestivo que, favorecido por la lentitud, posibilita aprovechar hábilmente el alimento, incluso si los pastos son poco nutritivos o escasean. Me interesa entonces el gesto de echarse y que sea la lentitud el elemento que da posibilidad de absorber nutrientes. Tras ese gesto iremos en lo que sigue.

14. Los animales rumiantes posiblemente más conocidos por los animales humanos, son los bóvidos (vacas, ovejas, cabras y antílopes), los ciervos, las jirafas y sus parientes.

15. Acerca del concepto "no solo" ver De la Cadena, M. 2014. Runa: Human *but not only. HAU: Journal of ethnographic Theory 4(2)* y posteriores trabajos de la autora.

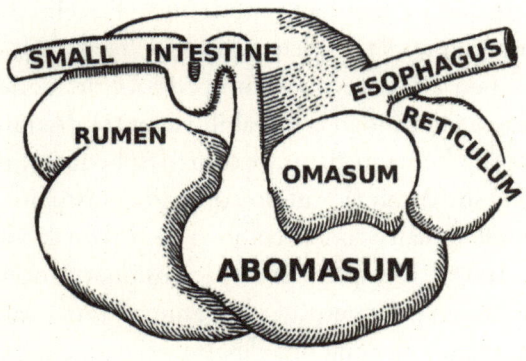

ANATOMÍA DE ESTÓMAGO RUMIANTE

#1. InventoInvestigación

Lejos de ser una tarea rígida con formato
preestablecido, la investigación es en realidad
una forma de imaginación y de cuidado.
Escrituras geológicas, Cristina Rivera Garza

También la teoría es un lugar de imaginación. Denise Ferreira da Silva, filósofa y artista afrobrasileña, le da a menudo a sus teorizaciones el lugar de creación artística; crea así artefactos que -a modo de piezas de arte- se emplean en producciones teóricas. Desobedeciendo el mandato de separabilidad -al que nombra como uno de los pilares del pensamiento moderno[16]- Ferreira da Silva hace teoría que es también arte.

Si el pensamiento moderno produce de manera sistemática separabilidad -separabilidad entre disciplinas o humano/no humano, para este caso- desobedecer los binomios que sustentan el mundo como lo conocemos es un gesto anticolonial, o contra-colonial, dicho con iki yos piña narváez funes[17]. Desaprender las pretensiones de occidente que entienden por cuerpo -o por animal- una sola cosa y necesariamente distinta una de otra, es una tarea a la que este breve texto pretende modestamente aportar. Desarmar separabilidades aunque no con el fin de unir o de generar hibridaciones, si no que, siguiendo a Marisol de la Cadena, busco "deseparar que no es lo mismo que unir"[18]. No se trata de procurar la igualdad en aquello a lo que queremos acercarnos, lo que me interesa es la apuesta por lo inconmensurable: ¿cómo trabajar con cosas que no son medibles entre sí? Algo de esto he intentado hacer al echarme con

---

16. Ferreira da Silva trabaja la idea de tres pilares del pensamiento moderno, estos son separabilidad, secuencialidad y determinabilidad. Ver "Sobre diferença sem separabilidade" Catálogo de la 32° Bienal de arte de São Paulo Incerteza Viva, 2016, p. 57-65.

17. iki yos piña narváez funes trae este concepto en su pieza para este libro.

18. La apertura del festival *Seres-Rios* (2 al 10 de agosto de 2021, Minas Gerais, Brasil) fue una conversación maravillosa entre Ailton Krenak y Marisol de la Cadena, allí ella trae esta idea.

vacas. La apuesta es la continuidad, el continuum de todo lo existente (y por existente no solo hablamos de lo vivo). Elvira Espejo Ayca[19] es artista plástica, tejedora y narradora de la tradición oral de su lugar de origen, un ayllu en Oruro, Bolivia, ella propone crianzas mutuas:

> En las comunidades no hay esa racionalidad jerarquizada, sino estas palabras y conceptos que usamos: leer con los dedos, leer con tu cuerpo o razonar con la sensibilidad de tu cuerpo, de tus pies. Es la interconectividad de sentir y pensar. No se pueden separar. El sentir y el pensar están juntos, es el sentipensante.
>
> En aymara: Amta yarachh uywaña, que es la crianza mutua de los pensamientos y los sentimientos.
>
> Yo cultivo los pensamientos, y los pensamientos están dentro de mi cuerpo, dentro del paisaje, dentro de los instrumentos que van a intervenir. [...] Tú no eres el racionalizador, sino que más bien has requerido de esas conectividades, experiencias y sensibilidades para poder generar esta amta yaracch aywaña, el pensamiento compartido, que te lleva a nuevas creatividades[20].

19. Elvira Espejo Ayca también es hablante de quechua y aymara y dirige el Museo de Etnografía y Folklore en La Paz, Bolivia.

20. Espejo Ayca, E. 2023. *Yanak Uywaña - La crianza mutua de las artes.* Santa Fé: Imperfectos fordistas, p. 8-9.

En otro de sus trabajos, Denise Ferreira da Silva, habla de experimentos de pensamiento que muestran lo que es posible contemplar cuando en lugar de Entendimiento nos dejamos de guiar por Imaginación[21]. De esta manera la autora corre el eje y llama a que, lo que guíe al experimento, sea Imaginación y no Entendimiento, así escritos ambos en mayúscula. Si me echo con vacas es para pensar-con ellas, para conocer-con, y ¿cómo logro dar cuenta de eso? La Imaginación[22], entonces, puede ser el camino.

#2. Invocación de anchura.

Hace un tiempo, haciendo ejercicio mondongo, dije:

Un elemento fundamental para comenzar a trabajar/ hacer con vacas es que me crié entre ellas. Fueron el exceso (de carne y no solo) y la lentitud quienes me movieron en un primer momento. Este impulso se mantiene como un deseo y un compromiso que se mueve en dos direccio- nes que, apuesto, dialogan entre sí. Por un lado, se trata de acercarme a conversaciones cosmopolíticas donde las distinciones entre los reinos de lo natural y lo humano no preexisten: busco ver esos límites/tensiones entre ambos

---

21. En Ferreira da Silva, D. 2019. *A dívida impagável.* São Paulo: Oficina de Imaginação Política e Living Commons, p. 151.

22. A partir de ahora, siguiendo el sentido propuesto por Ferreira da Silva, Imaginación aparecerá en mayúscula.

mundos (humano y animal). Por otro lado, renuevo la insistencia en que no se puede pensar sin el cuerpo, y que cuerpo excede lo que la modernidad occidental define como tal. En ese lugar, en medio de estas dos ideas, se encuentra la porfía que moviliza mi trabajo[23].

En la insistencia del lugar rotundo del cuerpo es donde se encuentra esta escena. Entonces, abridor en mano, entraremos en una escena de investigación y un dispositivo de observación. Se trata de un trabajo de observación lenta que realicé durante el período de dos meses en Ombucta (Argentina), región fronteriza con la Patagonia, conocida como la pampa seca. Es una zona caracterizada por una vegetación escasa de verdes amarronados, por vientos fuertes que levantan tierra. Es también el lugar donde me crié y donde vive y trabaja mi familia. Los días -esos dos meses- fueron como podrían haber sido otros, pero ahora había una disposición a la observación, una intención; lo que cambió fue la atención, o la intensidad de la atención. Me dediqué a compartir día tras día -por aproximadamente seis horas al día, distribuidas en distintas franjas horarias- con seis vacas y todo lo que las rodea/hace: seis vacas madre, sus hijis, un toro, muchos otros animales, el viento, la sequía, entre tantas otras entidades/personajes. Procuré en este ejercicio mirar alrededor y no hacia adelante. La escena de

23. Masson Córdoba, L. 2022. "Mondongo exercise". En *Escrituras rumiantes. Cuerpo, exceso, animalidad.* Bogotá: Pajarera libertaria, p. 37.

investigación que presento/despliego acá es parte de esos días. En esta escena hay animales, hay animales humanos y hay también unas ciertas disposiciones que posibilitaron acercamientos. Dice Juliana Fausto, en su *Cosmopolítica de los animales*, que está convencida de que solo por medio de encuentros multiespecíficos situados con otros es posible urdir políticas cósmicas y no exterminadoras[24].

El lugar que me dediqué a observar -o a etnografiar- es perfectamente conocido para mí, los trabajos que hice también los conozco, los he hecho, y también siempre he compartido con vacas. Pero, siguiendo a Anna Tsing[25], se ponían ahora en juego las artes de la observación.

ECHADAS. OMBUCTA, FEBRERO 2021. CORTESÍA DE LA AUTORA.

24. Fausto, J. 2023. *La cosmopolítica de los animales*. Buenos Aires: Cactus, p. 16.
25. Tsing, A. 2021. *La seta del fin del mundo*. Madrid: Capitan Swing.

Además de la observación lenta, procuré un transcurrir lento y vacuno del tiempo; mi primera intención era una investigación sobre el tiempo vaca, quería ver la posibilidad de habitar un tiempo vaca. Pero el asunto que se volvió central tuvo que ver con echarme, con abandonar la forma bípeda. Si me echaba (como hacen las vacas) todo cambiaba muchísimo. La posición bípeda no era para nada beneficiosa y al ir entendiendo que echarme era lo mejor, fuimos, a lo largo de los días, logrando otra relación, yo diría que más cómoda, más habitable. Al principio ellas tenían enorme interés en mí, básicamente nuestra relación consistía en que nos mirábamos: yo las miraba y ellas me miraban, esto era así por horas. Incansablemente, con insistencia. Sin embargo, conforme pasaban los días, fui dejando de resultarles interesante. Ellas ya no me miraban a mí, yo sí a ellas. Las miraba a ellas y no solo.

Echándome con las vacas transcurrieron esos dos meses. Luego, con el paso de las horas y el paso de los días, empiezan a "aparecer" otros personajes. Y en realidad no aparecían, porque no es que no existieran, sino que yo no los veía. Me había criado en esos mismos suelos y los volvía a habitar con cierta frecuencia durante toda mi vida adulta, pero así y todo había mucho por ver. Una payada[26] -canción popular del ámbito rural- dice

---

26. Canción en general improvisada, típica de zonas rurales. En Chile se conoce como paya.

"caminé muchas leguas para ver lo que antes miraba y no veía"[27].

Abandonar la forma bípeda no solo posibilitó que empezaran a aparecer otros animales, también empezaron a aparecer caminitos de hormigas, empezaron a aparecer otras plantas; la observación lenta lo permitió. De repente proliferaron toda una serie de mundos. Y hasta el peludo[28] apareció ante mis ojos.

Si, siguiendo a Vinciane Despret se trata de inventar los dispositivos de la investigación[29], en mi caso el dispositivo fue mi cuerpo. Despret habla de darse a la tarea de crear los dispositivos para cada investigación y no partir de lugares preexistentes, no asumir las herramientas con las que voy a investigar esto o aquello. Mi tiempo compartido con vacas me puso en la necesidad de mirar. Mirar lentamente y a lo ancho cómo es ese terreno y a partir de ahí inventar los modos de acercarse. Estamos ante una invocación de anchura que mira alrededor y no hacia adelante, y que ahí busca el

27. Legua es una unidad de medida que delimita cinco kilómetros aproximadamente. Nombrar las distancias en términos de leguas es lo más habitual en el hablar más campero de la región.

28. El peludo es un animal acorazado, de la familia de los armadillos.

29. Vinciane Despret entrevistada por Pablo Méndez para la exposición Simbiología. Ver en youtube.com/watch?v=BqɪwJ12sGcs. *Simbiología. Prácticas artísticas en un planeta en emergencia*, transcurrió del 6 de octubre de 2021 al 26 de junio de 2022 en el Centro Cultural Kirchner, Buenos Aires, Argentina.

gesto de desactivar, un poquito al menos, el progreso. En palabras de Anna Tsing:

> *El progreso también está implícito en una serie de supuestos generalmente aceptados sobre lo que significa ser humano. Aunque lo disfrazamos con otros términos, como* acción, conciencia e intención, *se nos dice una y otra vez que los humanos somos distintos del resto del mundo viviente porque miramos hacia adelante, mientras que otras especies, que viven al día, son por ello dependiente de nosotros. Mientras sigamos imaginando que los humanos se* hacen *gracias al progreso, los no humanos también quedarán atrapados en ese marco imaginativo. [...]*
>
> *El progreso es una marcha hacia adelante que arrastra a otras clases de tiempo a sus propios ritmos. Sin ese latido conductor podríamos percibir otras pautas temporales.*
>
> *[...] prescindir de hacia dónde vamos nos permite buscar todo lo que hemos ignorado porque nunca encajaba en la línea temporal del progreso*[30].

La observación que me interesa activar en esta escena no mira como el progreso ni pretende descubrir. No hay intención de producir novedad. Los caminitos de hormigas, las cotorras, el peludo ¿es que ahora son más, es que han proliferado? ¿no estaban a la vista y los he descubierto? Simplemente es que pude verlos. Estaban

30. Tsing, A. Ibid, p. 42-43.

y no los veía. En un breve texto escrito por el astrónomo Armando Mudrik leí que la idea de descubrimiento supone la existencia de una única realidad[31].

Así pues invoco anchura, miro de modo circular -desaprendiendo mirada hacia adelante, desaprendiendo progreso- y me echo con vacas. Los caminitos de hormigas no me están descubriendo nada, no son nuevos. Hemos podido vernos, hemos podido hacer relación.

#3. Todo aquello que ya estaba

Aprendo muchas cosas del gesto rumiante. Cosas como que la rumia tiene por condición el volver a pasar por los estómagos y dar tiempo al procedimiento, que si no sucede en calma no podría pasar. Todo esto entonces, todo lo que hasta acá se ha dicho, va de volver a andar los lugares. No para descubrir, si no para andar-con, para ver lo que estaba y no se veía, para hacer relación.

En general se investiga aquello que se desconoce, o se hace un camino que tiene como punto de partida la salida de un lugar para llegar a otro punto. Acá se trata de volver, de volver a masticar. Se trata -siguiendo el compromiso anticolonial del que hablo al comienzo- de procurar(nos) desactivar la temporalidad del progreso. Digo desactivar a la vez que intento no caer en grandilocuencias, porque no sé cómo sería apagar el botón del progreso, pero sí sé

---

31. Mudrik, A. 2023. Muchos cielos. *Hojas especulativas*, 4. Córdoba, Laboratorio de Antropología Especulativa.

de cosas que pueden ir ensayándose. Que se puede hacer InvestigaciónInvento; dichosa la raíz que desepara estas palabras. Que se puede ensayar una cosmopolítica que pone en relación viento, sequía, vacas, cielo, peludos y olor a caca con mosquitas. Que se trata de dejar que, quien guíe, sea Imaginación.

INTERNET DE LAS PLANTAS

Kina Madno

A modo de introducción podemos empezar con algunas cifras relacionadas con la representatividad de lo humano, de las cosas y de las plantas en lo que llamamos internet. Para la "internet de las cosas"[32], buscando en Google, obtenemos: "Aproximadamente 1.520.000.000 resultados (0,38 segundos). Para la "internet de las plantas" el resultado es: "Aproximadamente 386.000.000 resultados (0,27 segundos)".

---

32. "La Internet de las cosas (IoT) es el proceso que permite conectar los elementos físicos cotidianos a Internet: desde los objetos domésticos comunes, como las bombillas de luz, hasta los recursos para la atención de la salud, como los dispositivos médicos; las prendas y los accesorios personales inteligentes; e incluso los sistemas de las ciudades inteligentes". http://redhat.com/es/topics/internet-of-things/what-is-iot

Respecto a estas cifras, tenemos que poner en perspectiva que lo vegetal representa el 98% de la biomasa del planeta Tierra, lo cual invalida llamarlo "nuestro planeta". Y en cuanto al modelo de funcionamiento, el de Internet es extractivista y competitivo (o más bien productivista / extractivista colonial)[33]. Y por lo tanto, absolutamente desigual en cuanto a elaboración, funcionamiento y acceso.

La internet de las plantas por su parte se basa en una simbiosis mutualista[34] entre sus diferentes agentes y por lo tanto, hace la vida posible.

33. "No pretendo realizar un desarrollo exhaustivo y acabado del mismo, pero sí analizar las convergencias que dan lugar a las cada vez más visibles luchas y resistencias de mujeres contra el patriarcado, el extractivismo y el colonialismo / neoliberalismo en América Latina. La finalidad es reflexionar acerca de cómo el género se articuló con —y produjo la visibilización de la lucha antiextractivista, no solo en tanto fue y es movilizada masivamente por mujeres, sino también porque las propias demandas y entendimientos del género (desde diferentes influencias teóricas, políticas e institucionales) particularizan y fortalecen esas resistencias, y más cuando se entrecruzan con las dimensiones étnica, racial y de clase. Para ello, propongo analizar tres dimensiones que confluyen en lo que hoy puede evidenciarse como un movimiento antiextractivista de mujeres en Latinoamérica". Melisa. (2022). Movimiento de mujeres contra el extractivismo: feminismos y saberes multisituados en convergencia. Debate Feminista, 32, 64: e2287. https://doi.org/10.22201/cieg.2594066xe.2022.64.2287

34. Según Wikipedia el mutualismo es una interacción biológica, entre individuos de diferentes especies, en donde ambos se benefician y mejoran su aptitud biológica. Las acciones similares que ocurren entre miembros de la misma especie se llaman cooperación. El mutualismo se diferencia de otras interacciones en las que una especie se beneficia a costa de otra u

Literalmente, para situar ese conjunto de conocimientos, la investigación/articulación de la Internet de las plantas se ha desarrollado para el proyecto Trans*Plant[35], cuyo eje central se basaba en la elaboración y administración de una intravenosa de clorofila. Para poder existir, este proyecto, más allá de conocimientos técnico-científicos, necesitaba/deseaba elaborar un universo de ficción-ciencia en el cual se podía plenamente tener/elaborar sentido(s). Es esa articulación que se encuentra plasmada en la revista de bio-hacking *Ni Urras Ni Anarres* publicada el 08 de marzo de 2039[36]. El viaje que supone pasear por escalas de tiempo pasado-presente-futuro (sea el orden en el cual se articulen esos "tiempos") responde a esta necesidad. ¿Es posible imaginarse la vida sin (el deseo de) contar(se) historias? ¿Hay diferencias entre un pasado "reconstruido" y un futuro "imaginado" para nutrir/vivir el "presente"? ¿Es deseable vivir sin hacer(se) preguntas? Sobre todo siendo estas de base. Básicas. Comunes. Sencillas. Complejas. Radicales.

Y si quieres ambientar la lectura de este texto, sola o acompañada, puedes hacerlo tomando unos chupitos de clorofila líquida. Una lectura a la cual vamos a intentar

otras especies; estos son los casos de explotación, tales como el parasitismo, la depredación, etc.

35. Para acceder a más información del proyecto se puede visitar el siguiente enlace: http://quimerarosa.net/transplant/

36. Todas las partes de este texto con sangría provienen de esta revista, también llamada "ni U ni A" por sus redactores/usuaries.

dar forma de micorriza, mediante un agenciamiento en soporte papel (vegetal) y que busca una estructura radicular. May the Chlorophyll be with/in you.

2024. 8 de marzo. Se han agotado ya los recursos anuales de la Tierra. Se necesita el equivalente de cuatro planetas para satisfacer el consumo humano. Desde un red virtual privada de la segunda Internet, un grupo de biohackers llamado Q.R*3 decide intentar conectarse a la micorriza, red compuesta por una simbiosis entre raíces y hongos a través de la cual el mundo vegetal terrestre se comunica.

Su objetivo: entablar una colaboración con las plantas para intentar revertir la situación. Los primeros miembros de este grupo murieron en seguida bajo el efecto de una molécula desconocida. Del resto del grupo no se sabe todavía nada. O muy poco...

"Si hubiéramos dedicado tanta investigación a comunicar con los árboles como hemos dedicado a la extracción y el uso del petróleo quizás podríamos iluminar una ciudad a través de la fotosíntesis, o podríamos sentir la savia vegetal corriendo por nuestras venas, pero nuestra civilización occidental se ha especializado en el capital y la dominación, en la taxonomía y la identificación, no en la cooperación y la mutación"[37].

37. Preciado P.B. Un apartamento en Urano, Ed. Anagrama, 2019.

Año 2036, 26 de febrero. A esa fecha ya se habían agotado los recursos anuales disponibles del planeta Tierra. El modo de vida humano del Norte Global necesitaba ya seis planetas para satisfacer su consumo. El 8 de marzo numerosas revueltas transnacionales e interseccionales estallaron en todo el planeta, combinando diversas acciones físicas y virtuales, muchas de ellas coordinadas entre sí. Uno de sus efectos más destacables fue la caída de la red llamada entonces Internet; la rarefacción de los recursos minerales ya había complejizado su mantenimiento y hecho todavía más autoritaria su administración. Ese 8 de marzo, las minas de extracción de minerales fueron ocupadas y reapropiadas por sus trabajadores y poblaciones vecinas, se cortaron cables submarinos y muchos centros de datos fueron atacados a través de la propia red y desde la calle. El 13 de marzo, Internet se apagó.

La dimensión multiagentes, ecosistémica, de la fotosíntesis se basa en una devolución del consumo efectuado, donde quien consume energía la devuelve transformada. Una sinergia que garantiza durabilidad. Una forma de trueque permanente y circular.

Y cuando decimos fotosíntesis, se está simplificando (quizás por sólo considerar lo que aporta a les humanes un interés evidente), pues existen dos tipos:

▷ Fotosíntesis oxigénica, aquella que produce azúcares útiles para la planta y, a su vez, consume dióxido de carbono (CO_2) y subproduce oxígeno (O_2). Este tipo es fundamental para la respiración, dado que funciona con el intercambio de gases a la inversa.

▷ Fotosíntesis anoxigénica, aquella que no produce oxígeno (O_2), pero aprovecha la luz solar para romper moléculas de sulfuro de hidrógeno (H_2S). De esta manera, libera azufre a su entorno o lo acumula en el interior de las bacterias que son capaces de llevarla a cabo.

Para poder entender el proyecto Conexión a Micorriza Intranet, *nos parece importante situar tanto el grupo como el contexto de sus acciones.*

El grupo Trans*Plant (T*P), como las redes de las cuales formaba parte, estaba configurado por entrelazamientos transfeministas, no binaries y sexo disidentes en alianza con activistas, artistas, científicas y hackers. Sus inicios en el biohacking a finales de los 2000 se gestaron en los tiempos de la comunidad postporno de N 41° 22' 47.112", E 2° 10'14.385" en la cual las prácticas BDSM *eran centrales. Su afinidad por los guantes de látex, agujas, bisturís o cuerdas es clave para entender su acercamiento sin complejos al tatuaje, las prácticas de enfermería y las experimentaciones biomédicas en cocinas, garajes y laboratorios. Todas estas prácticas estaban muy vinculadas a la autoexperimentación y a lo que en esos tiempos se denominaba* DIY / DIWO *(hazlo tu misme /hazlo con otres). Si bien T*P se definía como un grupo nómada y transnacional estaba formado en su mayoría por personas de Abya Yala migradas a Europa y europeas.*

Su trabajo sobre extractivismo, colonización y caza de brujas les lleva nuevamente a cruzar el Atlántico en 2012 en dirección S 17° 22' 56.889", O 66° 9' 52.364" y al proyecto Akelarre Yaku[38] con Maria F. D. para una primera conexión directa con lo vegetal y lo molecular. Es en ese contexto que se empezó una investigación sobre el árbol de quina, la extracción de quinina, la malaria y el nacimiento de la industria farmacéutica.

2015. Es el tiempo de la COP 21, un comité de expertos oficializa una nueva era geológica: el Antropoceno, caracterizada por una actividad humana que ha cambiado el ciclo natural de la Tierra. Calentamiento global, crisis nucleares, dramática disminución de la biodiversidad, refugiados climáticos humanos y no humanos... No hay sitio para la duda. Sin embargo, Donna Haraway nos advierte del principal peligro del término Antropoceno: la noción misma de antropos, basada sobre "el excepcionalismo humano y el individualismo metodológico"[39], y nos recuerda que todas las formas de vida buscarán su propia solución para salir de esta crisis, por lo cual ninguna salida será posible sin una colaboración entre ellas[40].

38. http://akelarreyaku.tumblr.com

39. Haraway D., Seguir con el problema, Ed. Consoni, 2019.

40. "También me interesa saber qué pueden enseñarnos las plantas sobre cómo vivir bien en este planeta. He acuñado el término "plantropoceno" como un antídoto al concepto antropocéntrico del antropoceno, con la esperanza de que podamos aspirar a salir de las relaciones extractivas y de explotación con la naturaleza que están acelerando rápidamente nuestro declive. El plantropoceno aspira a una era en la que las personas aprendan de una vez por

Después de la caída de Internet el 13 de marzo del 2036, el grupo Trans*Plant decidió poner en marcha el primer intento de conexión a Micorriza, la red compuesta por una simbiosis de raíces y hongos a través de la cual el mundo vegetal terrestre se comunica[41]. Fueron 20 años de preparación para llegar a ese momento. Su objetivo era establecer una herramienta de comunicación directa con lo vegetal, con la esperanza de poder generar una alianza posanthropos. Después de la caída de Internet el 13 de marzo del 2036, el grupo Trans*Plant decidió poner en marcha el primer intento de conexión a Micorriza, la red

todas a colaborar con las plantas. Puedes echar un vistazo a mi nuevo artículo, que considera la fotosíntesis como una palabra clave que todos deberíamos aprender cuando intentemos luchar contra el futuro apocalíptico que nos promete el pensamiento del antropoceno." Entrevista con Natasha Myers. http://naukas.com/2016/04/13/entrevista-con-natasha-myers/

41. La mayoría de los sistemas vegetales crecen sobre esta asociación simbiótica en la que el hongo suministra a la planta compuestos inorgánicos como nitrógeno o fósforo que esta necesita para nutrirse y crecer, y la planta aporta al hongo azúcares resultantes de la fotosíntesis, explica Suzanne Simard sobre estas redes, que por la semejanza con los nodos de internet algunos investigadores han llamado el "internet de las plantas" (...). A pesar de la aceptación por parte de toda la comunidad científica sobre la relevancia de las interacciones que se dan en las micorrizas, la controversia comienza cuando Simard se refiere a estas conexiones como "sabiduría del bosque". Por ello, otros investigadores han arrojado luz a este entramado de tuberías subterráneas de raíces e hifas (filamentos cilíndricos del cuerpo de los hongos), que pueden llegar a ser kilométricos y aparecen en todos los sistemas climáticos". Fuente de la cita: http://agenciasinc.es/Reportajes/Las-comunicaciones-secretas-de-las-plantas

compuesta por una simbiosis de raíces y hongos a través de la cual el mundo vegetal terrestre se comunica. Fueron 20 años de preparación para llegar a ese momento. Para establecer el punto de conexión a la micorriza habían configurado sus servidores utilizando materiales reciclados acumulados y creando una mini Internet propia. El objetivo de la primera prueba era crear un primer punto de conexión directa en un lugar concreto de Micorriza y establecer una conexión remota con un servidor de T*P, con el fin de obtener partes de los intercambios de información e intentar elaborar un código de traducción en lenguaje humano. Esa primera prueba fue confiada al grupo QR*3 y fue establecida en 2036 a N 41° 39' 59.7", O 0° 53' 58.1", donde la sequía del río había dejado al descubierto grandes cuevas de Micorriza. El nodo de conexión remota se estableció, no muy lejos, en el nivel −3 de N 41° 39' 35.432", O 0° 54' 27.387". Se sabe también que QR*3 nombraba ese sitio "el Búnker", "la Incubadora" o "el -3".

El punto de conexión se estableció con éxito, pero los primeros miembros de este grupo murieron en seguida bajo el efecto de una molécula volátil, aún desconocida. En ese momento no sabían que el proceso les llevaría a otro tipo de conexión con lo vegetal: la administración de intravenosas de clorofila a sus participantes...

Se sabe que el nodo de conexión remota sigue vivo, pero no se conoce su ubicación actual; y también se sabe que hubo varias evoluciones en su configuración, una de ellas es el cambio de plantas que aseguraban su funcionamiento *y seguridad. En la primera versión Micorriza estaba formada por una Milpa, un sistema de cultivo utilizado en algunos territorios de Abya Yala.*

También sabemos que Micorriza había requerido al grupo QR*3 varios criterios para establecer la seguridad del nodo inicial de conexión remota. Dos de ellos fueron:

▷ *Este nodo debe estar ubicado en un búnker para que nadie pueda detectarlo.*

▷ *Este nodo debe contar con un sistema de seguridad en caso de intrusión en el búnker y será monitoreado por Micorriza. Este sistema se basa en la liberación de moléculas volátiles cuya composición permanecerá secreta y dependerá del comportamiento de les intruses. Gracias a elementos proporcionados por T*P (fotografías, diagramas, textos y trozos de código) hemos podido reconstituir una de las últimas versiones de este nodo de conexión. Para ello nos han entregado una semilla de Artemisia Annua criogenizada en 2019 en N 47° 17' 48.046", E 2° 30' 35.319".*

En esta versión reconstituida la Milpa ha sido sustituida por la Artemisia, planta utilizada desde hace miles de años para tratar la malaria, enfermedad ya endémica en toda Terra por causa del calentamiento global. El vínculo del grupo T*P con la criogenización de semillas se explica detalladamente en Open the Seed. *Una de las condiciones puestas por T*P al entregarnos estos*

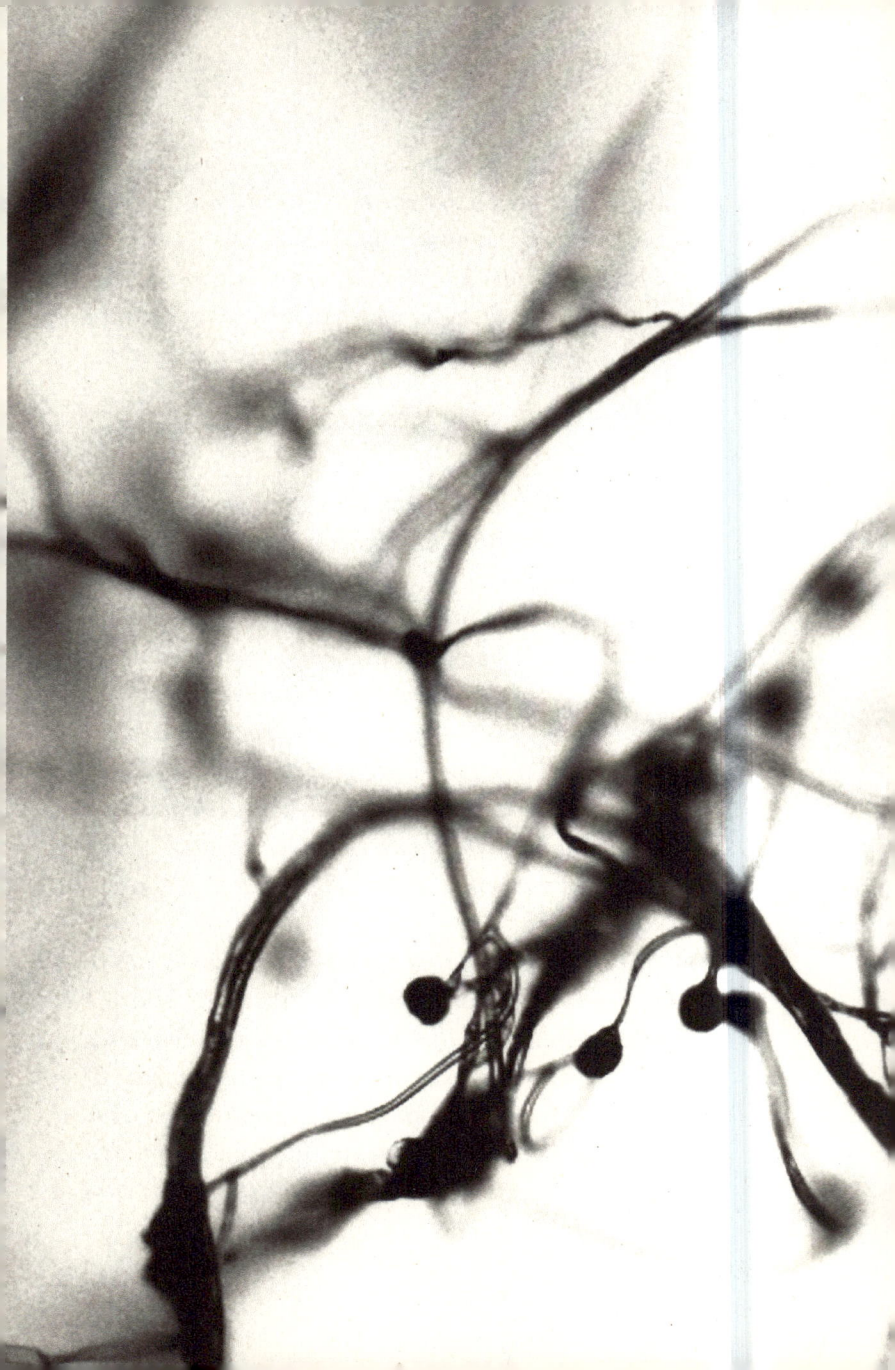

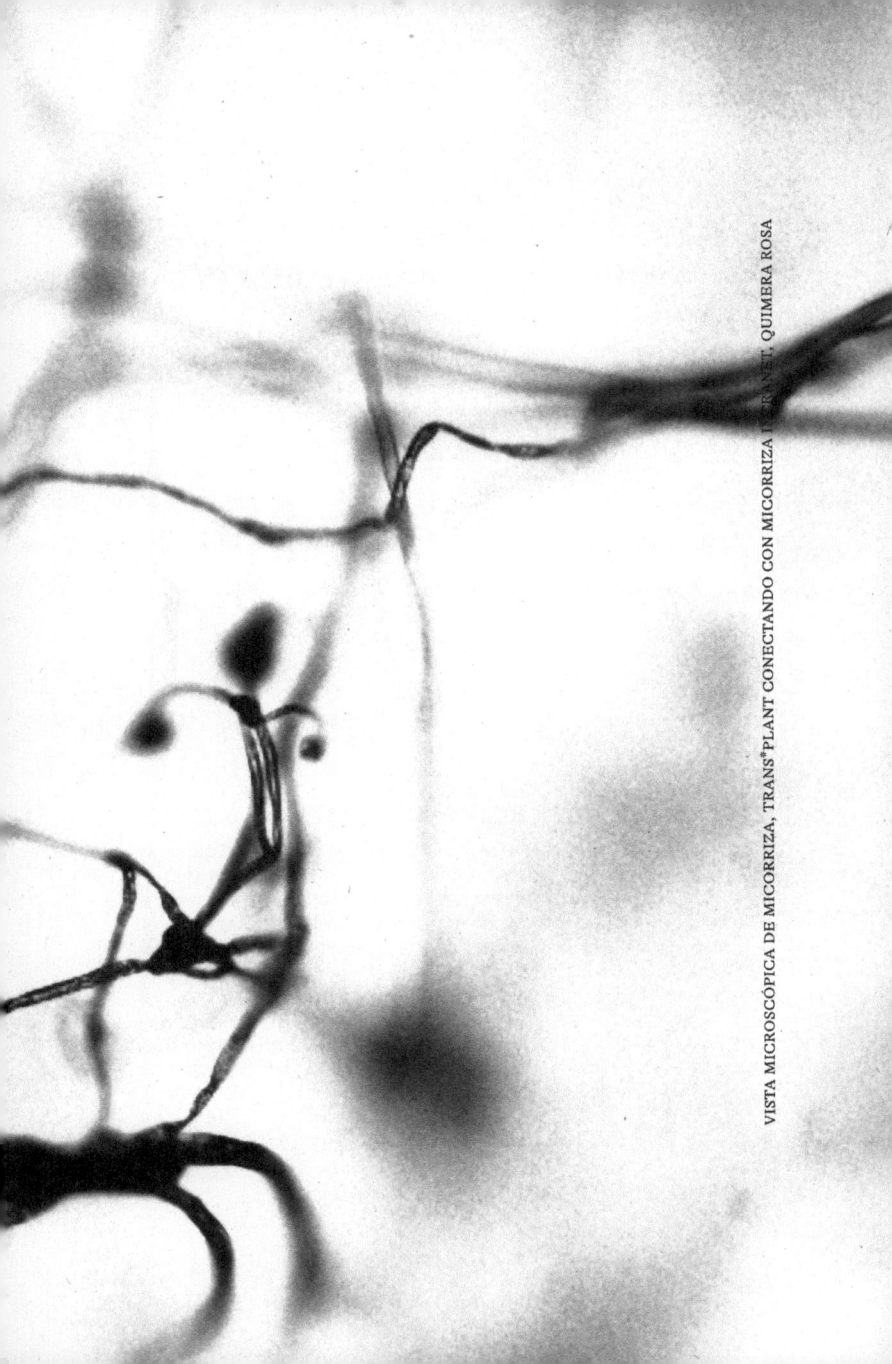

VISTA MICROSCÓPICA DE MICORRIZA, TRANS*PLANT CONECTANDO CON MICORRIZA INTERNET, QUIMERA ROSA

archivos fue de no publicar ninguna información, solo algunas imágenes de la reconstitución así como algunas informaciones sobre su funcionamiento. Sólo nos han permitido publicar un fragmento de texto emitido por Micorriza parcialmente descodificado.

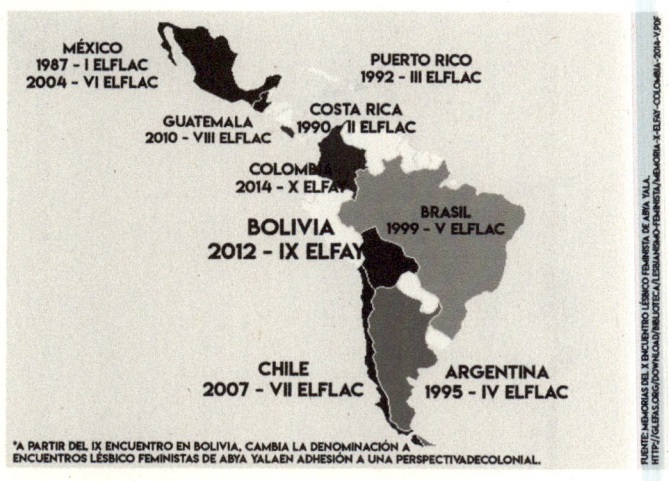

ESTE MAPA DE ENCUENTROS LÉSBICO FEMINISTAS DE ABYA YALA FUE ELABORADO POR LESBIANAS AUTÓNOMAS DEL ESTADO DE SÃO PAULO QUE SE REIVINDICAN COMO LESBOFEMINISTAS, EN CONTACTO Y REFLEXIÓN CONSTANTE SOBRE LO QUE LAS AFECTA Y UNE DENTRO DE AMÉRICA LATINA. SE COMPROMETEN CON UN ANÁLISIS POLÍTICO LESBO-CENTRADO Y LESBO-IDENTIFICADO, Y DECLARAN SU PERTENENCIA AL MOVIMIENTO FEMINISTA, EN EL CUAL LAS LESBIANAS HAN ESTADO SIEMPRE A LA VANGUARDIA. SE DECLARAN TAMBIÉN AUTÓNOMAS, YA QUE LA DOMINACIÓN MASCULINA Y HETEROSEXUAL PERMEA TODAS LAS INSTITUCIONES DE LA SOCIEDAD CIVIL, YA SEAN ESTATALES O PRIVADAS; BUSCANDO ASÍ ASEGURAR SU LIBERTAD DE PENSAMIENTO Y PRAXIS, Y CONTRIBUIR A LA CONSTRUCCIÓN DE NUEVAS PROPUESTAS CIVILIZATORIAS"[42].

42. http://encontropaulistadelesbofeminismo.noblogs.org/

La Milpa es un sistema de cultivo utilizado en algunos territorios de Abya Yala. Basada en los antiguos métodos agrícolas, la agricultura de la milpa produce maíz, frijoles y calabaza cultivadas en círculos concéntricos donde cada planta protege y da nutrientes a las otras. La Milpa es tanto el espacio físico, la tierra, como las especies vegetales que crecen sobre ella. La Milpa es también el reflejo de los conocimientos, las tecnologías y las prácticas necesarias para obtener de la tierra y del trabajo algún alimento. "Hacer Milpa" significa realizar todo el proceso, desde la selección del terreno hasta la cosecha. El concepto de Milpa es un modo de hacer más que un sistema de agricultura, ya que implica complejas interacciones y relaciones entre las personas, así como distintas relaciones tanto con las plantas como con la tierra.

También sabemos que en 2036, cuando tuvo lugar el primer intento de conectarse a Micorriza Intranet, les primeres integrantes de este grupo murieron inmediatamente bajo el efecto de una molécula desconocida. Y que en 2037, cuando se realizó con éxito la primera conexión, fue después de que un grupo de agentes humanes aceptara el protocolo llamado Less Human Than Human. *Este protocolo estipulaba que una intravenosa de clorofila era el primer paso para poder llegar a una conexión con Micorriza Intranet.*

Este texto necesita 27 especies vegetales para poder ser escrito. Este texto manifiesta profundas dudas ante cualquier concepto que empiece por "auto", incluido el

de "autoexperimentación" utilizado por nosotras mismas.
Quizás no se trate de lo que hagamos de nuestras vidas, sino
de lo que hacemos with/in life.

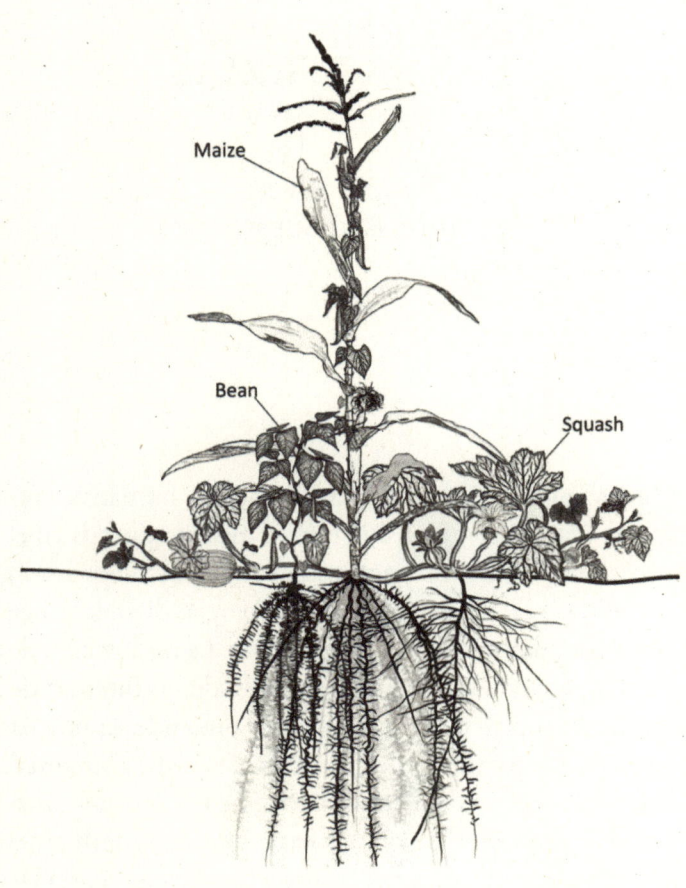

INTERNET PARA LAS BACTERIAS

Natalia Rivera
Mutante, Red Suratómica

Que la naturaleza sea un recurso para lxs humanxs, aunque sea ya una comprensión retrógrada y descartada en el pensamiento contemporáneo, sigue siendo la comprensión que atraviesa el desarrollo de las tecnologías digitales emergentes de comunicación e intercambio. La explotación de la vida para estas tecnologías se da desde un Internet de las Cosas, con su infraestructura que pretende ser ubicua, construida a partir de la explotación desmedida, colonial, capitalista y ecocida de minerales, pasando por los altos niveles de consumo de energía para supuestas alternativas económicas o relacionales como el blockchain, hasta las más recientes propuestas que reconocieron en lo vivo esa posible materialidad "ecosostenible", de altas capacidades y fácil de (re)producir, para la computación, la nube y el internet. Se trata, en este último caso, de la emergencia de la biocomputación y la posibilidad de que organismos vivos o moléculas derivadas de lo vivo sean usadas para almacenar, procesar y recuperar información relevante para lxs humanxs, o para crear computación en red.

La biocomputación pone de manifiesto una pregunta por la comprensión de lo vivo. Su planteamiento inicial se basa en pensar los procesos de lo vivo como procesos computacionales, sin embargo, rápidamente, esta idea resulta muy reduccionista. A ella se contrapone la propuesta de pensar a su vez a la computación y sus redes como un organismo vivo. Como alternativa, a modo de fabulación especulativa, una nueva mirada se puede proponer sobre los biocomputadores, desde las comprensiones más contemporáneas de la vida y la información[43]: que se trata de computadores que metabolizan; que metabolizan información, que es a su vez materia y energía.

Como sustratos de estos biocomputadores, se han incluído, entre otros, moléculas de ADN, proteínas, organismos unicelulares, como las bacterias, y organismos acelulares, como se le conoce por ejemplo al popular moho mucilaginoso Physarum Polycephalum. En las artes, este moho como biocomputador ha sido co-compositor musi-

---

43. Maldonado, C. (2022) *Five Arguments toward Understanding Life in Light of a Physics of the Immaterial.* Proceedings 2022, 81, 19. https://doi.org/10.3390/proceedings2022081019

cal, junto a Eduardo Miranda, en *Biocomputer Rhythms* (2016)[44], y un compañero suyo se ha comunicado a través de señales eléctricas con humanos, en una cabina de comunicación interespecie, en *Myconnect* (2013)[45] por Saša Spačal, Mirjan Švagelj, Anil Podgornik y Tadej Droljc.

Las bacterias, por su parte, conforman un gran entorno para la exploración de estas nuevas formas de computar, co-metabolizar, con lo vivo. Como lo presentó en 2009 Ben-Jacob[46], en una idea bellísima para esta transformación de la forma en que comprendemos los procesos de lo vivo: podemos aprender de las bacterias sobre el procesamiento natural de la información. Las bacterias son hoy consideradas como capaces de procesar grandes y complejas cantidades de información, e incluso de procesarla en red, llevando a cabo computación paralela, por ejemplo.

Con Margulis, descubrimos a finales del siglo pasado que esos microorganismos que considerábamos demasiado pequeños para tener un impacto tan grande, particularmente en la salud humana, tienen formas maravillosas de habitar, existir, conocer, comprender y crear. Que una bacteria, como ella lo decía, nunca es solo una bacteria, son en verdad enormes comunidades complejas

44. Miranda, E. (2016) *Biocomputer Rhythms* [Biocomputador y performance musical]. http://neuromusic.soc.plymouth.ac.uk

45. Spačal, S., Švagelj, M., Podgornik, A., y Droljc,T. (2013) *Myconnect* [Instalación]. https://www.agapea.si/en/projects/myconnect

46. Ben-Jacob, E., (2009). *Learning from Bacteria about Natural Information Processing*. En: Ann. N. Y. Acad. Sci. (Octubre), 1178: 78-90

de intercambio constante de información (materia y energía). Que la biósfera es un gran entramado de bacterias interconectadas, intraconectadas; las bacterias como un superorganismo[47].

Esa intra-conexión, comprendida desde las propuestas de Barad[48], del gran organismo de las bacterias permite la emergencia de comportamientos/fenómenos sorprendentes, que dan cuenta de cómo lo vivo, sin atender a leyes universales, fronteras, gobiernos, etc., se abre paso, mutando, diversificándose y co-constituyendo su entorno, cambiando sus códigos. La simbiosis, por ejemplo, que puede dar paso al surgimiento de nuevos organismos vivos –esta fue una de las mayores propuestas de Margulis: la simbiogénesis como una de las formas en las que la evolución se abre paso[49]–. O la transferencia horizontal de genes, un proceso por el cual las bacterias tienen la capacidad de compartir información genética con otras bacterias, sin ser sus progenitoras. Con esta tecnología bacteriana, cada célula tiene acceso a una enorme reserva genética, de la que pueden aprender constantemente nuevos comportamientos. A resistir a los antibióticos, por ejemplo.

47. Margulis, L. & Sagan, D. (1995) *Microcosmos. Four Billion Years of Microbial Evolution.* University of California Press.

48. Barad, K. (2007). *Meeting the universe halfway. Quantum Physics and the Entanglement of Matter and Meaning.* Duke University Press.

49. Margulis, L. (1999) *Symbiotic Planet: A New Look at Evolution.* Basic Books.

Sobre la transferencia horizontal de genes hablaremos un poco más en este texto, pues es este proceso el que usualmente de forma metafórica puede ser conocido como el "internet de las bacterias", y a su vez es el proceso, que sumado a la biología sintética, se propone ser usado para la creación del Internet de las Bacterias, como parte del Internet de las Bio y Nano Cosas (*Internet of Bio and Nano Things*). Una versión del Internet de las Cosas que se propone usar a las bacterias como esa materialidad, a la que en este contexto hace referencia el concepto de "Cosas", es decir a sensores, procesadores y actuadores, computadores conectados a la nube.

En su considerada simplicidad, en cuanto a que como células están conformadas únicamente por una membrana celular y el ADN en su interior, las bacterias han desarro-llado impresionantes tecnologías de lo vivo para abrirse paso. Gran parte de su capacidad de resistir, multiplicarse y diversificarse radica en que justamente pueden mutar muy fácilmente su código genético, apropiar, por ejem-plo, nuevos fragmentos y usarlos de inmediato. Esto es lo que sucede a través de la transferencia horizontal de genes. En un entorno común que así lo permita, las bac-terias pueden liberar trozos de ADN que permanecen ahí por determinado tiempo hasta ser capturados por otras, incluso de otras especies. Otra posibilidad es, que entrando en contacto entre ellas, las membranas de las bacterias permitan el movimiento de trozos de ADN de una a otra, como parte de los plásmidos, que son a su vez moléculas de ADN que se encuentran por fuera del ADN cromosómico.

Por último, una posibilidad más para la transferencia horizontal de genes es una tecnología de lo vivo, que es a su vez un bellísimo hack a las tecnologías de otra forma de vida. En este proceso, un tipo de virus muy común llamado Bacteriófago, es decir, que "come bacterias", resulta siendo, sin buscarlo, el portador de la información bacteriana que será transferida. En uno de sus comportamientos habituales, el virus implanta en la célula bacteriana su material genético, que una vez metabolizado por la bacteria hace que esta reproduzca en su interior múltiples copias del virus hasta desbordarse y ser destruida. Pero a veces, en la reproducción de esas copias del virus resulta implantado, no el ADN de este, sino un fragmento del ADN de la bacteria. Así, cuando esta copia "defectuosa" –inter-entidades vivas– del virus infecta a otra bacteria, le comparte información bacteriana, que puede ser adaptada por la misma.

Esta compleja, mutante y viva red de intra-conexiones de las bacterias, que les permiten compartir información (que es a su vez su conocimiento, su experiencia de vida), que es global y que además, para envidia de lxs humanxs, más que descentralizada, es incluso distribuida, se puede considerar también su sistema de comunicación. Por eso nos imaginamos que es su internet. A esa red maravillosa –para usarla en nuestro favor, es decir, para explotarla– es a la que como humanxs buscamos conectarnos con nuestra versión del Internet de las Bacterias; y es aquí donde los relatos con los que nos acercamos y las formas en que desarrollamos estas tecnologías de conexión inter-entidades vivas podrían ser re-pensadas y re-creadas desde la *indisciplinariedad* de unas artes de comprensión biocéntrica, y no desde la ciencia normal, controladora y capitalista.

Desde la perspectiva del desarrollo de la biotecnología del Internet de las Bacterias, en la academia y la industria, no se entiende la implementación de bacterias en el Internet de las Cosas como esa conexión a su ecosistema, recién relatada. De forma muy distinta, los desarrollos se proponen usar estos microorganismos para realizar los procesos humanos de forma más eficiente. Se propone que lxs humanxs enviemos información a las bacterias a través de la nube para que ellas actúen como biosensores, enviando información sobre su entorno, o como actuadores, ejecutando ciertas tareas que puedan ser útiles para biorremediación o para tratamientos médicos, por ejemplo[50]/[51]. La conexión a la red de las bacterias se considera, por el contrario, una de las mayores dificultades para el desarrollo de esta tecnología, pues enviar infor-

50. Kim, R. & Poslad, S. (2019) *The Thing with E.coli: Highlighting Opportunities and Challenges of Integrating Bacteria in IoT and* HCI. CHI'19 Extended Abstracts, May 4-9, 2019, Glasgow, Scotland, UK. DOI: https://doi.org/10.1145/3290607.xxxxxxx

51. Unluturk, B. D. D. (2020) *Fundamentals of bacteria-based molecular communication for Internet of Bio- Nanothings.* http://hdl.handle.net/1853/63691

mación a unas bacterias, significaría que muchas otras podrían tener acceso a la misma. Esto las hace –tanto mejor– incontrolables.

En el Internet de las Bacterias, lxs humanxs deciden qué información se le quiere enviar a las bacterias. Esta información se enviaría a través de la nube y podría, por ejemplo, ser generada de forma sintética para ser incluida en una bacteria con motilidad. Esta bacteria modificada llevaría a su vez la información a otras bacterias de sus comunidades y así podría ejecutarse cierta acción determinada por lxs humanxs[52].

La biología sintética es la posibilitadora de una conexión, más que interespecie, intra-entidades vivas, como esta. Se convierte aquí en el portal que permite conectar las entidades vivas biológicas y las digitales. Se trata de biotecnologías con las que lxs humanxs hemos podido replicar otras tecnologías de los organismos vivos, como la reproducción de genes, en este caso específico. A través de la biología sintética, podemos producir moléculas de ADN, que siendo escritas de forma digital pueden ser convertidas en información biológica a través de un proceso similar al de una impresión, en un así llamado, sintetizador.

52. Tavella F., Giaretta, A., Dooley-Cullinane, T. M., Conti, M., Coffey, L., & Balasubrama- niam, S. (2018) DNA *Molecular Storage System: Transferring Digitally Encoded Information through Bacterial Nanonetworks.* https://arxiv.org/abs/1801.04774

Tenemos a su vez la posibilidad de leer, se puede decir, fácilmente, información biológica como la del ADN y convertirla en información digital. A través de un secuenciador, las bases nitrogenadas de una molécula de ADN son leídas una por una para convertirse en un código que contiene una secuencia, usualmente muy larga, de las letras "A, C, G, T". Con procesos como este podemos conocer la biodiversidad de las bacterias presentes en una muestra, de suelo o de agua, por ejemplo, leyendo directamente su código genético.

Con estas dos posibilidades en mente, las de secuenciar y sintetizar el ADN, me gustaría proponer una nueva/otra forma de relatar, crear, este medio emergente, que se aleje radicalmente de la postura antropocéntrica que lo está desarrollando, hacia una fabulación biocéntrica de las bacterias conectadas a internet. Que el Internet de las Bacterias pase de ser una tecnología que busca usarlas como soporte material, a una tecnología que posibilita la emergencia de las Bacterias Hiperconectadas, como un organismo híbrido con el que co-creamos.

Se trata de crear un Internet PARA las Bacterias. Que toda esta infraestructura dibujada para el funcionamiento de la otra versión, las redes 5G, la nube, los servidores que la sostienen, los computadores, los secuenciadores y los sintetizadores se conviertan en medios para otros organismos vivos. Compartir con otros organismos vivos nuestros desarrollos tecnológicos así como sus tecnologías nos co-constituyen, nos conforman o son compartidas con nosotrxs.

Siendo así, la diferencia radical se encuentra en la autonomía de las bacterias para compartir información generada y liberada por ellas a su entorno, sin la intervención de lxs humanxs. En el Internet para las Bacterias, información en fragmentos de ADN sería liberada al entorno por las bacterias. Ese ADN sería secuenciado para ser convertido en información digital, las letras ACGT, un código que a través de la nube estaría disponible para ser recuperado en otro lugar del mundo rápidamente y ser así convertido, a través de un sintetizador, en información biológica. Es decir, ese código sería nuevamente creado como ADN y liberado al medio donde puede ser atrapado y adaptado por otras bacterias. A diferencia de como sucede convencionalmente, que es a nivel local, la transferencia horizontal de genes a través de nuestra infraestructura del Internet de las Cosas le permitiría a las bacterias hacer este proceso entre comunidades muy distantes.

Esta propuesta surge de pensar en transformar las narrativas científicas y desarrollistas que usualmente rodean este tipo de creaciones tecnológicas, que tienen a su vez un fuerte poder constitutivo de la realidad. Se trata de crear con las posibilidades como materia prima para otros mundos, otras existencias, otras formas de vida, y no, quiero decirlo claramente, de una mirada futurista que pretenda como solución a variados "problemas", imbuirnos más y más en el desarrollo de medios tecnológicos digitales, basados en proceso masivos de ecocidio. Lo que quiero decir es, que no es "necesario" –como usualmente se plantea– desarrollar este nuevo medio, pero que si lo hacemos sea desde la perspectiva de lo vivo, de confiar en una vida que hibridizándose, se abre paso.

Ahora, si volvemos a las perspectivas mencionadas al inicio, en las que más que comprender a los organismos vivos como computadores, entendemos este proceso de hibridación de sistemas biológicos y digitales como biocomputadores que metabolizan, lo que surge de esta intra-conexión entre las bacterias y el internet, no es más el uso de un medio tecnológico humano por parte de otros organismos, sino un nuevo organismo vivo. Un organismo híbrido bio-digital, una forma extraña e indeterminada de vida con la que co-creamos, co-metabolizamos y co-evolucionamos. Es la simbiogénesis de las Bacterias Hiperconectadas, la biósfera como un superorganismo biodigital.

Con esta comprensión biocéntrica de un internet que deja de ser "de" las bacterias y se convierte en un internet "para" las bacterias, los mayores miedos frente a estos microorganismos siendo incontrolables, o a que el intercambio de información resulte en un desastre ecológico, desaparecen. Pues no se trata ya de una intervención humana al ecosistema, sino de un proceso mucho mayor, el de la hibridación de las vidas orgánicas e inorgánicas, el de la diversificación misma de la vida. A mi parecer, una co-creación posibilitadora de la vida, con esa naturaleza de la que somos parte, como el organismo vivo que somos.

Una forma más en la que la vida podría abrirse paso a través de lxs humanxs.

Es en ese contexto, entre la *fabulación especulativa*[53] y el desarrollo de una biotecnología como esta, en el que surge el proyecto *Bacterias Hiperconectadas,* en el que junto a Mutante, conectadxs a la Red Suratómica, estamos explorando la emergencia de esta forma extraña de vida. Se trata de un proyecto *indisciplinar* que propone, como lo hace Marta de Menezes en su proyecto *La luna de la luna*[54], que un cuerpo de investigación para el desarrollo de un objeto artístico casi imposible sea presentado como proyecto artístico. En él continuaremos desarrollando biosensores y prototipos de interconexión, por ejemplo, mientras co-creamos otras narrativas junto a cientificxs, artistas, investigadorxs, otrxs creativxs y comunidades locales autoorganizadas.

Me gustaría hacer una nota final sobre la expresión "tecnologías de lo vivo"[55] que atraviesa este texto. Se trata de una exploración que estamos haciendo desde la Red

53. Haraway, D. (2019) *Seguir con el problema. Crear parentesco en el Chthuluceno*. Ed. Consonni.

54. De Menezes, M. (2021) Moon-light (or Moon's Moon). [Skyart] https://martademenezes.com/art/spaces/moon-light-or-moons-moon/

55. Compartimos esta propuesta en desarrollo junto a Juan Diego Rivera, daniela brill estrada y Carlos Acosta en la charla *Colaboración y otras tecnologías de lo vivo* (2020), o en el XIV Encuentro de Creación - Arte y Ciencia (2023) con este concepto como título: Rivera, J.D., Rivera, N., Brill, D. y Acosta, C. (2020) *Colaboración y otras tecnologías de lo vivo* [Video]. Nexxo Collective. Facebook. https://www.facebook.com/watch/live/?ref=sear-

Suratómica sobre nuevas/otras comprensiones de lo vivo, en la que consideramos que las formas en que lo vivo procesa/metaboliza información, materia y energía, las formas en que lo vivo crea y se abre paso, pueden ser comprendidas como tecnologías. La fotosíntesis, la fijación del nitrógeno en los suelos, las esporas de los hongos, la iridiscencia en diversas especies, la mitosis de las células, la magnetorrecepción, las redes del micelio, la colaboración entre seres humanxs, y un infinito etc. Es decir, las tecnologías como aquello que posibilita la vida. Estas comprensiones nos han permitido entender a su vez que, por ejemplo, podemos dejar de pensar en lo tecnológico como externo al organismo vivo, o que por supuesto, las tecnologías desarrolladas por lxs humanxs, entre ellas las digitales, no son tan extraordinarias como el antropocentrismo abrumador en el que estamos lo propone[56].

ch&v=786080958775880 Red Suratómica (2023). *Tecnologías de lo vivo.* XIV *Encuentro de Creación - Arte y Ciencia* [Video]. Suratómica Espacio. Youtube. https://www.youtube.com/watch?v=0FR_47kb06Y

56. Este proyecto es propuesto por Natalia Rivera, co-creado junto a Mutante y conectado a la Red Suratómica, en el contexto del II ciclo *En el filo del caos* de la misma y de la maestría de la New Media Class de la Universidad de las Artes de Berlín UDK.

¿A QUÉ HUELEN LAS NUBES?

Pablo Selín y Lucía Egaña Rojas

> *Tengo la impresión de que nuestra cultura rebosa*
> *de ideas absurdas, creídas con fe inquebrantable*
> *por los científicos y todos los demás, y que algunas de éstas*
> *incluso vician nuestro posible interés por la Tierra.*
> Lynn Margulis

1- Un gas omnipresente

Internet es un gas omnipresente.

Internet se ha convertido en un gas, un oxígeno adicional desde el que obtener una confirmación de existencia de otras personas. Para llegar a ser un gas, ha tenido que volverse incoloro e inodoro, ha tenido que transformarse y abstraerse. Para volverse ubicua, la realidad material de Internet ha tenido que volverse invisible.

Este proceso de hacerse invisible, ubicuo e inmediato ha sido producto de esfuerzos colectivos con motivaciones muy distintas y muchas veces incluso opuestas. Se ha servido de investigaciones, proyectos personales, colectivos y corporativos, ideas, guerras, muertes, robos, obsesiones, rendimiento y tiempo. Pero si para una cantidad mayoritaria de personas, la realidad material de Internet se comporta como un gas invisible y absoluto, para las personas que trabajan en ella Internet es otra cosa. Es, si acaso, un gas condensado, una realidad material con la que trabajan, y también, una realidad declarativa, en la que se construyen los puentes o tubos de distribución de este gas. El gas ha tenido que condensarse en alguna parte.

Las nubes de la red no son de agua sino del gas que se hace a veces visible en sus puntos de condensación. Desde nuestros teléfonos tenemos acceso a un pequeño suministro de ese gas, un flujo constante pero minúsculo y por lo tanto invisible, inodoro, discreto. Son los datos que a la usuaria del dispositivo le interesan.

El gas condensado es el espacio técnico y físico (metálico, de sílice y polímeros). La nube, el depósito de gas, es un espacio tan denso informativamente que explicar todas las variables que entran en juego produce mareo. Son los síntomas preliminares a una intoxicación por inhalación de gas.

Se habla mucho de que la información viaja. Pero Internet hoy en día más que mostrar un viaje, parece mostrar una presencia absoluta y ubicua. ¿Existe un viaje en ese microsegundo por el que se optimiza cada mensaje de texto, cada palabra que te llega, ese momento en el que fisgoneas a la otra persona *escribiendo…*? ¿Puede algo ser un viaje si se tarda menos de un parpadeo en aparecer frente a tus ojos?

Es la búsqueda de la ubicuidad por parte de las personas creadoras de tecnologías de la información lo que ha hecho invisible la energía que se quema en cada una de las consultas, peticiones o envíos de datos (en un mensaje de texto, un post de red social, la visita a un sitio web, un mapa). La necesidad de inmediatez oculta el calor y la contaminación de las granjas de servidores, el cansancio de los revisores de contenido (a menudo ubicados en países menos privilegiados económicamente o de rentas bajas).

La diversificación y profesionalización de la web ha abstraído la materialidad de sus componentes. El dispositivo físico original (el servidor) ha ido desapareciendo poco a poco para dar paso a servicios en los que la máquina original (el computador que se encargaba de traspasar los datos y realizar las operaciones) está fragmentada en múltiples máquinas, cada una optimizada para una función distinta. La idea del servidor, o de un conjunto de servidores, ya no es suficiente para entender en lo que se ha convertido Internet, lo que antes era un servidor se ha desintegrado en la idea de que todo es un servicio[57], un proceso o una declaración de código

57. Es cosa de abrir el navegador y buscar lo que se ofrece "as a service" (como servicio), cualquier palabra o frase que termine en "aas" (Paas, Saas, y otros más) que ofertan cuestiones que antes eran un objeto bien definido en una abstracción de componentes y procesos cuantificables en un costo mensual. Es también jerga conocida en informática los sistemas "serverless" de infraestructura de red, que implican, de forma muy simplificada, que tus datos y

que nace, muere, y algunas veces se reproduce. Todo ha pasado a ser palabras, declaraciones en lenguajes informáticos de distinto tipo. Todo ha pasado a ser un servicio, un servicio sin fisicalidad convertido en sistema de monetización. En última instancia, la materialidad se esconde completamente y se convierte sólo en una serie de declaraciones, de peticiones en las que lo último que sabes es cuánto vas a gastar[58]. Un sistema de cuantificación abstracta, sin un correlato material, o quizás, un sistema que instaló su materialidad en una forma de minería que funciona a través de procesos digitales. Una minería de la electricidad que corre en paralelo con la extracción literal de minerales en las condiciones más convenientes posibles para las empresas productoras. Una conveniencia que se aprovecha de la diferencia en las condiciones económicas, de derechos laborales y humanos que hay en distintos puntos del planeta. Ser una empresa tecnológica global implica considerar esos factores y calibrar hasta qué punto puedo crecer explotando las ventajas de una globalización que funciona desigualmente. Crecer explotando la inequidad de las velocidades: mientras las transacciones económicas y las

procesos están repartidos de forma oportuna en diferentes lugares y sistemas según sea conveniente, pero que no tienen nunca una dirección física única.

58. El lenguaje de configuración YAML, estándar en los servicios de la nube, es básicamente una serie de declaraciones, un lenguaje que sólo dice "quiero estas cosas dispuestas de esta forma" y "tengo estos tokens", se trata de las claves que demuestran que estoy pagando por las cosas que te pido.

importaciones / exportaciones se mueven rápidamente, los consensos en los derechos laborales, migratorios y humanos se tardan bastante más tiempo en llegar, o, en algunos casos, no llegan nunca.

El desarrollo web y sus disciplinas periféricas han, en su búsqueda por la inmediatez y la eficiencia, ofuscado, quizá a propósito, quizá como efecto colateral, la realidad de los elementos físicos que prestan la conexión y finalmente la visibilidad de la información digital a la que se accede. Probablemente sea algo similar a lo que ocurre con casi todo: es difícil vestirse, alimentarse o realizar cualquier actividad que no haya pasado por una de estas cadenas globales de producción. ¿Por qué internet tendría que ser diferente? Su discurso utópico y democrático está poco a poco desmoronándose[59], pero eso no parece razón suficiente para que dejemos de usarla.

El servidor, entendido como una máquina de condición física estacionada en algún datacenter[60], ha pasado

59. Es interesante que una empresa como Google haya empezado su estatuto de conducta con la frase "Don't be evil" ("No seas malo") como una declaración de intenciones que poco a poco dejó de mostrarse y de ser utilizada, al parecer a raíz de una demanda de algunos de sus programadores que sintieron que al trabajar para el departamento de inmigración de Estados Unidos no estaban realmente respetando el estatuto. Parte de la historia puede ser consultada en https://en.wikipedia.org/wiki/Don%27t_be_evil

60. Datacenter significa "centro de datos", y se formaliza como un edificio o una infraestructura donde se alojan una serie de computadoras, servidores y en definitiva, datos. Mucha de la información que hay en internet son datos almacenados en algún datacenter del mundo.

a ser una realidad poco usual. Los sitios web y aplicaciones se alojan hoy usualmente en servidores virtuales, con cada uno de sus procesos abstraídos en contenedores que ejecutan sólo el mínimo de cada proceso, de forma anónima, parcial y cuantificable hasta el segundo[61]. No se busca la sustentabilidad, sino la optimización y la velocidad de respuesta, la ubicuidad y la "gasificación". Se busca optimizar para gastar menos dinero, no menos energía. Es el trasfondo capitalista explorando cómo con el mínimo de recursos se puede obtener la mayor rentabilidad. Parafraseando a Shakira, crear un Rolex con la inversión de un Casio.

Las cosas se han vuelto muy complicadas. Pero también, los "sitios web" han dejado de tener tanto protagonismo. La mayor parte del tráfico de datos está en los sistemas de streaming y en las plataformas de publicidad hipersegmentada como ~~Facebook~~, ~~Instagram~~ o ~~TikTok~~. Ya nadie guarda música en sus dispositivos, todo se escucha o ve en línea. Nuestros hábitos culturales y sociales significan un enorme tráfico digital, lo que permite que nuestros reco-

---

61. AWS o Amazon Web Services tiene una calculadora donde puedes calcular toda operación para tu proyecto digital para cada uno de los segundos en que utilizarás cada recurso. El problema es que la calculadora es tan específica y compleja que resulta bastante esotérica para cualquier persona que no esté familiarizada con la jerga específica que usa Amazon para definir sus componentes informáticos. Finalmente son ellos los que tienen la fórmula para poder facturar cada uno de los segundos de operaciones informáticas que contrates con ellos.

rridos y preferencias sean trackeadas con precisión. El que estemos permanentemente conectadas permite controlar nuestro "consumo" de información. Ya no es un "punto de acceso" sino una provisión permanente, un scroll infinito, un capítulo que se reproduce automáticamente después del anterior. Ya no "te metes a Internet" ¿Cómo te vas a meter a Internet si pasas todo el tiempo ya dentro de ésta? ¿Y cuál es el costo invisible de esta inmersión más allá de la tarifa plana por la factura del teléfono o la conexión al wifi en los hogares?[62]

2- Nubes de metal

Precisamente de condensación se trataban las primeras visiones de las nubes. El científico Gaston Tissandier fijó gran parte de su atención en la neblina, describiéndola como un océano de aire condensado y hielo. Aunque tenían cierto interés, los científicos no habían empezado a nombrar el fenómeno. Tras la aparición de la aviación se buscó comprender mejor los comportamientos atmosféricos que acompañaban la presencia de las nubes. Era la imagen que aparecía en el espacio, que se veía tras la

62. Entre el 2014 y el 2016 tuve que trabajar con una conexión de Internet móvil que limitaba mi consumo de datos y, para poder trabajar durante todo el mes sin tener que comprar más datos calculé que un día de trabajo como programador web me costaba (en esos tiempos) entre 700 y 1600 MB (entre consultas a documentación, subir y descargar código a la web y coordinar reuniones por chat y llamadas de voz).

ventana y que, en su afán por dominar los territorios, querían poder cartografiar.

El cielo se iba cargando de representaciones en torno suyo, parecía un espacio lleno de mitología que, sin embargo, se fue racionalizando a través de la fotografía, especialmente a partir de la segunda guerra mundial. La guerra, como muchas veces trajo unas representaciones más "científicas", radioactivas, vinculadas con las investigaciones de la muerte.

La representación de las nubes ya a mediados del siglo XX siguió la línea de la muerte. Los ensayos nucleares fueron fotografiados, y más tarde la representación de las bombas atómicas de Japón generó un imaginario que fusionaba la nube con el humo. La idea de "nube tóxica" se fue extendiendo. Los imaginarios tecnológicos han registrado con mucho detalle las herramientas de la guerra, generando un campo de estudio y también un género de representación cultural, como por ejemplo, la ciencia ficción de corte bélico.

La nube informática en cambio, es una infraestructura física (aunque a veces también gaseosa), densa, hecha de metal, concreto, agua y cables. Es una infraestructura con temperatura, que tiene que mantenerse fría para no colapsar. Es, también, una red de interacción de diferentes sistemas informáticos. Son diferentes lenguajes hablando entre sí, aceptándose y rechazándose según su propia definición. A diferencia de las nubes del cielo, las nubes informáticas pertenecen a personas concretas, a empresas, a gobiernos.

El concepto de nube puede haber empezado como un concepto de *marketing* para promocionar la ascensión hacia el cielo de tus propios datos, a diferencia de las infraestructuras físicas que se habían utilizado para guardar información, la idea de nube ofrece un espacio abstracto donde alojar tu contenido digital. El discurso del respaldo constante y seguro en infraestructuras abstractas, probadas y vaporosas versus tu propia máquina, tu pendrive, tu disco duro externo, se ha ido acoplando a otro entramado maquínico sanitizado, desmaterializado, alejándose del imaginario de hierro, humo y vapor que venían caracterizando a las máquinas desde la revolución industrial. Más steam y menos punk.

Así, después de años de subir nuestros datos a la nube, nos dimos cuenta que estas nubes siempre habían sido una propiedad privada, una cápsula de cristal cerrada con múltiples candados y contraseñas. Un sistema cerrado con pequeñas compuertas de apertura desde las que salen sus datos y procesos.

La nube es una red, una red de componentes físicos (servidores, unidades computacionales, objetos con conexión a Internet) y una red de procesos y declaraciones a través de la que se obtienen diferentes tipos de funcionalidad (chat, streaming, llamadas, sitios web, cuentas bancarias). La nube no es sólo un banco de datos, es sobre todo una "unidad distribuida". Es la fragmentación de una operación en distintos lugares, teniendo consecuencias en todos los puntos desde la que es llamada. Es una red que se auto-repara, que ofrece siempre un 99.99% de disponibilidad, es un arma diseñada para resistir cualquier bombardeo, porque se encuentra distribuida por todo el mundo.

El concepto de nube apareció en la informática en 1990 a partir de investigaciones que venían haciéndose desde la década de los sesenta relacionadas con la red ARPANET[63], creadas por el departamento de defensa estadounidense para enviar datos militares y conectar centros de investigación alojados en universidades de Estados Unidos. Su objetivo era principalmente bélico, construir una red informática resiliente, que encontrara todos los caminos posibles para el viaje de los datos, para resistir los contextos paranoicos imaginados en la guerra fría.

Esta nube resiliente, esta nube infecciosa, es la que ha permitido esta última etapa del capitalismo y ha permitido la aceleración en la creación de más y más nubes de CO_2. Ha facilitado las transacciones instantáneas, la distribución de la cadena de producción y la estandarización cultural. Esta nube es virtual, y aún así, contribuye a que cada año los veranos sean más peligrosos para muchos animales humanos y no humanos[64].

63. Advanced Research Projects Agency Network o Red de Agencias de Proyectos de Investigación Avanzada.

64. Sobre violencia ambiental y nubes tóxicas se puede revisar el artículo *"Ver las nubes. Estudio sobre las formas de representación de las nubes tóxicas y su impacto en los modos de ver las violencias"* de Melissa Valenzuela Gómez en: http://revistaindex.net/index.php/cav/article/view/476/460

3- Una nube pluriversal

Si la Internet es un gas que está entre nosotros, una segunda respiración, eso implica que, como con el oxígeno, el butano o con cualquier otro gas, hay un espacio de emisión o producción de este material. El "espacio de condensación", el depósito donde la presión es mayor y puedes sentir el peso y la fluctuación del material gaseoso.

Lo que se ha tratado de hacer en http://pluriversidad-nomada.net[65] es encontrar estos puntos de condensación donde se pueden apreciar ciertos aspectos de la materialidad de Internet. Encontrar y desnudar los puntos de gasto y de su funcionalidad (energética y simbólica). Una página web que pueda explicar cómo funciona y qué está pasando en los flujos para que puedas ver lo que estás viendo. Una web pedagógica. Una web que sea una herramienta de trabajo. Una web a la que se puede entrar desde distintos lugares y desde distintas condiciones digitales, diferentes dispositivos, sistemas y velocidades de internet. Este fue el punto de partida en el desarrollo de la web de Pluriversidad Nómada.

Se buscó construir un espacio digital en el que el contenido jugara con su presentación, pero que a la vez sirviera a los fines prácticos del proyecto pedagógico. Una

---

65. Pablo Selin ha sido el programador del sitio web de la Pluriversidad Nómada, este texto se ha nutrido de una serie de conversaciones y procesos de trabajo mantenidas en ese contexto.

herramienta utilitaria pero que diera cuenta de lo que estaba ocurriendo en cada visita.

El trabajo de programación comenzó durante la creación de la Pluriversidad, y su estructura tenía que responder a la forma en que el proyecto se configuraba, buscando dotar de organización y flexibilidad a las distintas secciones del sitio, que podían entrar en relaciones entre sus diferentes Institutos y sistemas adicionales de clasificación, que además, fuera un sitio que pudiera ser rápidamente construido y que sus contenidos pudieran ser modificados por personas con diferentes capacidades digitales.

Para conseguir eso, se trabajó con herramientas usadas y probadas por varios años en la web, que cuentan con licencias abiertas y están disponibles para modificar y reutilizar, que tienen una comunidad de desarrolladores y personas que hacen documentación, para que el resultado esté disponible y pueda ser replicable, reutilizable o reciclable en el futuro[66].

Buscamos también crear un sistema que permitiera alternar entre una versión de "alto consumo energético" y una de "bajo consumo energético" en la que se consideraran los factores que más podrían afectar a un visitante con ancho de banda reducido, y también qué sistemas

66. Para la gestión de contenidos se creó una plantilla desde cero para usar con WordPress, y para los sistemas de gasto energético y el mapa de relaciones se utilizó Javascript. El código se encuentra disponible en los repositorios de Github de Pluriversidad Nómada. (https://github.com/pabloselin/pluri_web)

podrían retirarse de la web, manteniéndola funcional pero con menor gasto energético y computacional[67]. Durante el desarrollo de esta herramienta se trabajaron componentes adicionales alrededor del tráfico de datos e información en Internet que se han ido incorporando a diferentes secciones del proyecto y que se van liberando como herramientas de código que puedan ser reutilizadas y analizadas por otras personas.

Se ha creado también una calculadora de gasto energético para la web, que utiliza los datos de una plataforma abierta para el cálculo del consumo de CO_2 y los combina con la cantidad de datos que genera y procesa la web de la Pluriversidad Nómada para realizar un cálculo estimativo que se expresa en actividades cotidianas que en el fondo "traducen" esa visita unitaria a la web. A su vez cada una de estas visitas unitarias se suman a un registro global de visitas que añaden formas de visualizar el gasto total y colectivo de mantener la información de esta web en línea.

A nivel material, la fisicalidad de los datos de la Pluriversidad Nómada se encuentra alojada en un servidor compartido de bajo costo, alta disponibilidad y carbono neutral, que, contradictoriamente a lo que se podría imaginar, se encuentra en uno de los territorios que más CO_2 genera: Estados Unidos. El sitio y las aplicaciones de la Pluriversidad Nómada habitan un espacio compartido

---

67. Para la versión de bajo consumo se eliminó la mayor parte del código en Javascript, las tipografías adicionales, las imágenes y las hojas de estilo.

con otros sitios web en un servidor "tradicional" en el sentido que sus procesos, gastos y operaciones digitales repercuten en todos sus vecinos y, del mismo modo, los procesos de la vecindad de sitios pueden afectar la estabilidad del de la Pluriversidad Nómada[68].

Esta decisión de alojamiento, a medio camino entre el pragmatismo y una declaración de intenciones, ha permitido que el proyecto pueda ofrecer una promesa de compatibilidad a futuro. No hay tampoco mucha certeza en qué se va a convertir Internet en los próximos años con la imposición de nuevos estándares que buscan obligar el consumo de publicidad[69] y los jardines vallados de contenido[70] que es donde parece estar trasladándose

68. La estructura tradicional del "hosting compartido" implica que compartes el espacio físico de un computador, con su disponibilidad de memoria, procesador y almacenamiento, con diferentes niveles de precaución para que tus vecinos o compañeros de servidor no puedan ocupar todos los datos o todos los recursos, pero, de todos modos, un servidor compartido, a diferencia de los entornos virtualizados que se están volviendo la norma actualmente corre el riesgo que un proceso se desboque y haga colapsar el servidor. Un poco como cuando se llena la bañera de la casa del vecino de arriba e inunda todos los pisos de abajo.

69. La "Web Integrity API" propuesta por Google, es básicamente, un DRM (gestión de derechos digitales) para los sitios web, que haría imposible ver ciertas webs dependiendo de qué tipo de dispositivo utilices, o qué tipo de extensiones tengas instaladas, haciendo prácticamente imposible bloquear la publicidad. Más info en: https://github.com/RupertBenWiser/Web-Environment-Integrity/tree/main

70. Se refiere a unos servicios que resultan inaccesibles para las usuarias y que, tal como la analogía del jardín propone, sólo permite entrar y salir

la mayor parte de la actividad digital. No hemos hecho aún un cálculo estimativo del gasto de la presencia digital de la Pluriversidad Nómada más allá de su web, cuánto ha sido el gasto de sus (nuestros) correos electrónicos, sus posts de Instagram™, chats de Telegram™ y Whatsapp™, videoconferencias en Jitsi™, Skype™ o Zoom™.

El trabajo en la Pluriversidad Nómada para buscar evidenciar un relato sobre el consumo energético está recién comenzando, con exploraciones preliminares acerca del gasto de carbono hemos podido realizar una comparación con actividades domésticas. Nos interesa poder "aterrizar" las implicancias materiales en una cotidianidad que se compone de comidas, ejercicios, desplazamientos y medios de transporte. Atraer las nubes a ras de suelo.

Queremos que el espacio virtual de la nube pueda llegar a ser lo más táctil posible, poder atravesar la nube y darnos cuenta de su temperatura, de su densidad. Sólo atravesando la nube se podrán encontrar los espacios libres y comunes que aún quedan. Para atravesarla tenemos que poder verla primero, ojalá tocarla, sentir como el gas se nos va metiendo por los pulmones y, al percibir su olor, ver qué es lo que podemos hacer con él.

por los puntos diseñados para ello, así como acceder a las "especies" (softwares por ejemplo) que se han puesto a disposición por defecto o en la configuración inicial de fabricación, sin muchas posibilidades de alterar dichas configuraciones.

LENGUARACES DEL FUTURO, CRIANDO RUINAS PARA NUESTRO CAOS VISIONARIO

val flores

Una práctica pedagógica es una práctica imaginativa. Una práctica imaginativa precisa una lengua que la haga existir. Una lengua es un archivo de futuros que se hace (en) presente como práctica del pasado. Un archivo es una traducción material del tiempo. Un tiempo es una ruina visionaria.

Una práctica pedagógica, una práctica artística. Dispositivos de autoalteración de la vida, ejercicios de creación colectiva destinados a activar extrañas experiencias de construcción de conocimiento y formas de relación con el mundo viviente y no viviente. Ensayo a tientas de procesos creativos e investigativos para explorar las contingencias afectivas de nuestras existencias. Lo colectivo como sistema para proyectar ideas, el cuerpo como método de trabajo, la palabra como material plástico y político, el pensamiento como estética. Poner a disposición modos de vida, lenguajes e imaginación es la condición experimental e inventiva de una vibración pedagógica.

Una práctica pedagógica dispuesta a desorganizar los propios (no) saberes. Idear situaciones liminales como zona de contagio y contaminación transfronteriza donde se cruzan la vida y la educación, la condición ética y la creación estética, y se entremezclan tradiciones pedagógicas, intensidades subjetivas, la performance, las artes visuales, formas de activismo, memorias olvidadas. Un vagabundeo queer/cuir, un deambular por lo imprevisto, lo inesperado, lo improvisado y lo sorprendente. Componer una experiencia descolonizadora, una ocasión inédita, un devenir incierto, una palabra táctil, una sensibilidad sediciosa. Una ecopoética intempestiva, abierta a la dispersión de un gesto mínimo de variación material del ambiente. Idear en afinidad con Gloria Anzaldúa y su epistemología de la imaginación[71], como interrogación y afectación de los paradigmas que gobiernan las nociones hegemónicas de realidad, identidad, creatividad, activismo, espiritualidad, raza, género, clase y sexualidad.

***

71. Anzaldúa, Gloria (2021) "Prefacio. Gestos del cuerpo – escribiendo para idear". *Luz en lo oscuro. Re-escribir identidad, espiritualidad, realidad.* Traducción: Valeria Kierbel y Violeta Benialgo. Buenos Aires: Hekht.

Una práctica pedagógica ensaya una lengua para nombrar lo que se hace. Una lengua ofrece un modo del pensamiento. Una lengua dice afectos. Una práctica pedagógica, una política del nombre que crea otras relaciones cotidianas con lo viviente. Una práctica erótica, que es también una errática, un arte del equívoco que nos hace cohabitar en las diferencias. Porque traducir no es interpretar, es experimentar con las equivocaciones. Una relación extraña e insurgente con las palabras.

Baptiste Morizot y su grupo practican el rastreo junto a una práctica del nombrar que altera las relaciones con el mundo viviente. Ensayan un tartamudeo filosófico para rastrear un nombre "ecosensible" en relatos de prácticas que nos sitúan en otras disposiciones respecto del ambiente. "¿Dónde vamos mañana?", se preguntan. Y prueban diferentes versiones: "A la naturaleza", dicen primero. Pero la desestiman porque la idea de naturaleza es "un fetiche de esta civilización que justamente tiene una relación problemática, conflictiva y destructiva con el mundo viviente"[72]. Siguen probando: "mañana vamos afuera", "mañana vamos al matorral", "mañana vamos al aire libre". Cada respuesta abre un enjambre de preguntas e inconvenientes.

72. Morizot, Baptiste (2020) "Bosquizarse". En *Tras el rastro animal*. Traducción: Francisco Gelman Constantin. Buenos Aires: Isla Desierta.

Torcer los modos de decir es trastocar los modos de pensar[73]. Una palabra proveniente del pueblo de los algonquinos en Canadá[74], se acerca a su experiencia. "Bosquizarse". Una palabra que contiene en sí un doble movimiento: vamos al bosque tanto como él se traslada a nosotrxs. Nombrar de otro modo compone otra relación con los territorios vivientes. Una conexión a través de otras formas de atención y otras prácticas, dejarse colonizar por ellos, dejarse emplazar, dejarlos trasladarse a nuestro interior.

Colapsar el léxico de escritorio de las pedagogías normativas para promover la creatividad sexual y ecológica. Romper las relaciones de obligatoriedad entre las palabras y las identidades. Rasgar los pactos sensibles de la asepsia epistemológica y el higienismo escritural. Mantener un horizonte abierto de posibilidades y deseabilidades que amplíe y multiplique los imaginarios y versiones posibles.

73. flores, val (2018) "Esporas de indisciplina. Pedagogías trastornadas y metodologías queer", en *Pedagogías transgresoras* II. Bocavulvaria Ediciones, Santo Tomé (Santa Fe).

74. Cuando escribí este ensayo usé este nombre siguiendo la traducción al castellano del libro de Morizot. Luego, en el proceso de traducción de este texto al inglés, la traductora Stephanie Graham me llamó la atención sobre el sesgo colonial de este nombre para denominar a este pueblo. Los algonquinos se autodenominan omàmiwinini (plural: omàmiwininiwak) o con el nombre más generalizado de anicinàpe (plural: anicinàpek). Agradezco a Stephanie este señalamiento, dando cuenta no solo del nombre adecuado, sino de esas fuerzas tanto coloniales como descolonizantes que habitan nuestra lengua y que son disputas políticas por las palabras con que nos damos existencia.

Disputas por las palabras que producen infracciones en las temporalidades educativas. Escuchar la coexistencia de tiempos superpuestos y no combinados, dislocados de los tropos de progreso y evolución. Desviar las teleologías del conocimiento que se orientan hacia "adelante", que "avanzan". Un descalce temporal donde volverse sismógrafxs de los ecos de una lengua que busca desplazarse de la excepcionalidad humana y pensar cómo creamos y cocreamos nuestras vidas, identidades y cuerpos. Mantener abiertas diferentes narrativas aptas para escapar de explicaciones que se presentan como dominantes, únicas, universales[75].

Heredar el problema para re-escribirlo en una lengua de las minúsculas, esa que ha sido desautorizada por las narrativas heroicas y los modos verticales, erguidos, bípedos, frontales de tomar la palabra, que aclaman la transparencia e inteligibilidad de los fraseos políticos, retóricos y epistémicos. Una lengua de las minúsculas para un imaginario político como una vastedad de lo mínimo en un derrame micélico.

***

75. Bonilla Sztern, Camila (2019) ¿Es posible un pensamiento más que humano? Notas a partir de la obra de Vinciane Despret para una etología filosófica. En Anzoátegui, M.; Yáñez González, G.; Bordet, M., coordinadores. Dossier: Educación, pedagogía y enfoques no especistas. Revista Latinoamericana de Estudios Críticos Animales, Año VI, Vol I. Junio 2019. La Plata: Instituto Latinoamericano de Estudios Críticos Animales. En Memoria Académica. Pág. 19 a 32.

Ficciones políticas indóciles y cerriles desde una lengua de las minúsculas. Imaginaciones indisciplinadas y magnéticas que tienen la planta del pie en el pasado y el talón en el futuro. Marosa di Giorgio y sus presagios, sentir esperanzas en el pasado y encontrar reminiscencias en el futuro. *Visión profética del pasado* para Édouard Glissant. Habitar el asombro como práctica afectiva en el espectro claroscuro de un pasado olvidado, borrado o aplastado en y por un presente soporífero. Desertar del imperativo de novedad y su lógica del consumo espoleando la gramática de la ansiedad y del control como gobierno anímico. Ficciones del arrastre creando un disturbio perceptivo de una erótica del (no) saber. Hacer del resto, la resaca, lo perdido, el residuo, el retroceso, disposiciones atencionales para inducir prácticas sensibles que interfieran las orquestaciones particulares del tiempo, esos regímenes de poder convertidos en ritmos y rutinas corporales.

Oficiar de maestra de lo invisible, *obrera sensorial en el desarmadero de la lengua*[76]. Lamer cada palabra. ¿Cómo fugar de los modos pedagogizantes de preguntar que insisten en el *deber* como imaginación política? Deber y deseo no se oponen, porque también existe un deseo del deber. ¿Pero qué pasaría si reemplazamos *deber* por *deseo*? Una pregunta contiene un modo de la imaginación, de lo (in)imaginable.

Fugar de las preguntas morales que reclaman recetas o programas. Los "debería" intentan resolver problemas

---

76. flores, val (2022) *Labiar el desierto*. Buenos Aires: La Libre.

con modos imperativos que se sostienen en la seguridad, la certeza, la comodidad, el confort, desconociendo así las contingencias y accidentes del propio acontecer de un hacer en movimiento. Hábito de una política escolarizada y militarizada. Detener esa pregunta como gesto de un pensamiento inhibitorio pero no represivo. Abrir a otras direcciones, atenciones y posibilidades. Invocar la energía libidinal imaginativa y deseante de los ecos de esa revolución en minúscula. Exhumar los ideales rebeldes que animan la existencia ordinaria de lxs descarriadxs. Recuperar y recrear el eco insurgente de vidas y pueblos que imaginan incansablemente otras forma de vivir[77].

Ficciones que nos sumergen en el reino de la posibilidad al retar los límites fortuitos de lo que será considerado como realidad, desencadenando un proceso de liberación de las restricciones sobre los modos de pensar, escribir, crear e investigar, sin alinearse a las normas del ejercicio burocrático de la palabra.

¿cómo se puede componer una práctica pedagógica como una experiencia de extrañamiento temporal y de despertenencia

---

77. Hartman, Saidiya (2019) *Wayward lives, beautiful experiments. Intimate histories of social upheaval [Vidas rebeldes, hermosos experimentos. Historias íntimas de agitación social].* New York, London. W. W. Norton & company. Traducción propia.

a una cultura, más que un gesto de integración pacífica a las políticas del saber de un tiempo, de un cuerpo, de un sexo?[78]

***

lenguaraces del futuro, criando ruinas para nuestro caos visionario[79]. Probar y tentar una ficción política. La práctica sexy de las figuraciones como (des)saber ficcional. Una experiencia material del pensamiento, contra el disciplinamiento consumista de la práctica sensible de la palabra. Un ejercicio somático de imaginación poética que toma la fuerza de los "entre", esos pasajes de umbrales y tiempos. Figuraciones como procedimiento epistemológico y táctica poética que replantean los escenarios pasados y futuros posibles sin anclarse a una narrativa

---

78. Esta pregunta fue parte del Taller-performance "Tiempos perdidos: el retroceso como atracción pedagógica". En ii Jornadas de Estudios sobre Pedagogías Cuir. Trans/disciplinas, In/disciplinas, y End/disciplinas. Organizadas por: Grupo de Investigaciones en Educación y Estudios Culturales (gieec)/ Grupo de Investigación en Filosofía de la Educación (gife) Centro de Investigaciones Multidisciplinarias en Educación (cimed)/ Departamento de Ciencias de la Educación/ Facultad de Humanidades, unmdP/ PedagOrgía: Grupo de Extensión Cuir. Teatro Auditorium. Mar del Plata, 19 agosto de 2022.

79. *Lenguaraces del futuro, criando ruinas para nuestro caos visionario* fue el título de un taller imaginado como un juego vital y textual de improvisar actos de escritura en vivo. De un taller que no tuvo ocasión de realizarse. Fue la propuesta para el pei (Programa de Estudios Independientes del Museo de Arte Contemporáneo de Barcelona) que se canceló de forma cruel y escandalosa en el año 2021 por parte de la administración del macba.

evolutiva y positiva del pensamiento, tornando más ambiguas y complejas las escrituras.

¿cómo escuchar en cada palabra los restos vivos de un pasado olvidado y de un futuro ignorado? ¿cómo el poder de las ruinas actúa en nuestra escritura? ¿qué alfabetos de la destrucción integran nuestras prácticas creativas? ¿podrá ser la ruina un acto alquímico que hace de la escritura una práctica afectiva del (des)saber futuro? ¿qué compromisos sensibles y conceptuales implica cultivar ficciones especulativas con los restos de lo opaco, lo imperceptible, lo frágil, lo intraducible? ¿cómo hacemos pasar la letra por nuestros cuerpos sin aniquilar las imprevisibles lenguas de lo viviente? ¿dónde respira la fiesta asincrónica de nuestras vulnerabilidades deseantes?

¿puede ser la práctica de la pregunta un ensayo de futuro insospechado?

Un futuro que se pueda sentir en minúscula y en plural como sueño no colonizado. "No podemos construir lo que no podemos imaginar", todo lo que está construido fue primero imaginado[80]. Todo lo que está construido fue primero preguntado.

---

80. Como proponen pensar las co-editoras del libro Xenogénesis de Octavia Butler, Walidah Imarisha y Adrienne Maree Brown. Citadas en Jota Mombaça ¡Rumbo a una re-distribución de la violencia des-obediente de género y anticolonial! Traducido por elcinia torres. En *Devuélvannos el oro.*

Un arte de componer con ruinas, con nuestros pedazos rotos, en los bordes de las grandes historias normativas que astillamos, interfiriendo las retóricas del triunfo, de la alegría, el bienestar, el rendimiento, la productividad, como imperativos del capitalismo neoliberal y neocolonial.

Las ruinas como un contrabando oracular en el que se trafican sentidos de posibilidad. Las ruinas que caen fuera de los modelos nítidos de las narrativas políticas. Las ruinas como reservas de conocimientos por inventar o reactivar. Las ruinas como práctica de balbuceo y murmullo que no posee ni busca una articulación clara y transparente. Las ruinas como brújulas temporales que señalan otras sensibilidades posibles. Las ruinas como legados sensibles de futuros no realizados. Las ruinas como espacio tentativo ante el tiempo fatigado del ahora. Porque en los desechos de cada disciplina, de cada práctica, de cada género, resuena una fertilidad insospechada para componer otras vidas posibles que ya están presentes en este tiempo o en su resaca epocal, tramando gestos con los futuros repudiados del pasado.

En la escena de la ruina se descompone un estado de la lengua por medio de otro. Una práctica especulativa de arruinar el mundo que nos arruina, de pensar futuros no espectacularizantes, en minúsculas, plurales, frágiles, imperceptibles, con los pies en el desencanto y las manos

Cosmovisiones perversas y acciones anticoloniales, Colectivo Ayllu. Madrid: Matadero Centro de Residencias Artísticas. 2018

en el deseo. Un trabajo de la imaginación y de la enso-
ñación que aprende del pasado. Aprender de la ciencia
ficción: el pasado nos exige una sorpresa[81].

Pasado y sorpresa. *Lenguaraz*, deslenguadx, de habla
desbocada. Una genealogía impura, sangrienta, desleal. A
la conquista de América, a la conquista del desierto en
Argentina. *Lenguaraces*. Intérpretes que comunicaban y
confundían el mundo blanco con el mundo de los pueblos indígenas. Indeseables pero fatalmente indispen-
sables, lxs *lenguaraces* arruinaban cualquier pretensión
de interpretación pura y clara. Figura contradictoria,
ambigua, pegada a la traición, a lo liminal, habitando
entre mundos, lenguas, tiempos.

lenguaraces del futuro no refiere a un sujeto específico. Ni siquiera humano. Procedimiento imaginativo
que presiente el rumor de un anhelo futurista y resiente
otros mundos en el que las diferencias cohabitan al ras
de la tarea creativa. Presiente porque compone experiencia sensible desde la intuición de que algo va por ahí, el
erotismo moviente de ese tocar otro tiempo, el palpar el
éxtasis de una escucha geológica. Resiente porque invita
a regresar a lo ya sentido, a percibirlo de otro modo, a la

---

81. Butler, Octavia (2000) "Algunas reglas para predecir futuro", publicado originalmente en la revista Essence [2000] / y reproducido por los edi-
tores de exittheapple.com en abril de 2007. Traducción de (((o))) Acoustic
Mirror. @espejoacustico & José Pérez de Lama (2020); el original en inglés,
a continuación de la versión en español/castellano.

vez que se pegotea con el dolor y la ira que provocan la desigualdad y la opresión.

lenguaraces del futuro que hablan en lenguas. Anzaldúa espectral y sus lenguas en llamas como proceso alquímico que sintetiza dualidades, contradicciones y perspectivas desde estos diferentes yoes y mundos[82]. *criando ruinas para nuestro caos visionario*. Wittig y Zeig escriben un borrador de *visión* para el desorden ancestral:

> *Las visiones, al igual que las alucinaciones, son fenómenos que las amantes desarrollan en estado de pereza. En los sacos de pereza, sobre los árboles, en los huevos de pereza, en los jardines, las amantes se balancean "presas" de visiones. Hay que señalar que la expresión "presas", que indica un estado desgraciado, no es el sentido. Aquí significa memoria. En efecto, en las épocas del caos, de las personas que tenían visiones se decía que eran "presas de visiones". Eran consideradas como enfermas y muchas veces encerradas. Las amantes de la edad de gloria prodigan sus visiones cuando están en estado de pereza y de disponibilidad. Las visiones del pasado permiten rescatar residuos de nuestra historia que la mayoría de textos de antes de la edad de gloria habían desfigurado. Las visiones del pasado son contadas de lugar en lugar, de comunidad en comunidad, de isla en isla, de continente en*

---

82. Anzaldúa, Gloria (1988) Hablar en lenguas. Una carta a escritoras tercermundistas. En Cherríe Moraga y Ana Castillo, *Esta puente, mi espalda. Voces de mujeres tercermundistas en los Estados Unidos*. ism press. San Francisco.

continente, de bosque habitado, de banquisa en banquisa, por las portadoras de fábulas. Las visiones del presente son comunicaciones entre amantes que habitan lugares alejados. Algunas amantes se dan citas de visiones. Son motivo de fiestas, de alegrías íntimas. Las visiones del futuro son muchas veces incomprensibles, pero siempre alegres[83].

Palabras e imágenes, sepulcros animados. Restos de un pasado y ruinas visionarias de un futuro ignorado. Deambular entre esos restos organizando ritos de resurrección como práctica pedagógica. Arreciar sus posibilidades inesperadas, canceladas, aniquiladas. Darse citas de visiones como práctica artística.

lenguaraces del futuro entrenando el olfato poético para tantear el humo de la destrucción, de esas ruinas como legado para una imaginación como fuerza descolonizadora que libere al mundo por venir de las trampas del mundo por acabar. Una apuesta por el *caos visionario* que palpita en la fuerza imaginativa de los gestos a la mano. Porque la primera reparación es la de la imaginación.

83. Wittig, Monique y Sande Zeig (1981) *Borrador para un diccionario de las amantes*. Traducción: Cristina Peri Rossi. Barcelona: Editorial Lumen.

SEGUNDA
PARTE

ATLAS CUIR / SF: TRANS*PLANT

Ce Quimera

21, 22 y 23 de Junio de 2023, 17—20h
Es Local – Palma de Mallorca – Europa

Nuestras palabras aprisionan nuestras mentes. [...] Los libros de biología definen la simbiosis de manera antropocéntrica, como una relación de ayuda mutua o que produce algún beneficio a los seres que participan en ella, lo cual implica la existencia de un contrato social o de un análisis costo-beneficio por parte de los miembros de la simbiosis. Esta definición es absurda, ya que la simbiosis es un fenómeno biológico que precedió en eones a la humanidad y a la invención de la moneda.

Lynn Margulis en *Las palabras como gritos de batalla*

Leo a Lynn Margulis y me pregunto de qué manera observar, escuchar, palpar, oler en el intento de generar vínculos interespecie sin contaminarlos de nuestra visión capitalista y colonialista. Cómo nos vinculamos, como humanos, con lo diferente con lo raro. No creo que haya una sola respuesta a ello pero, teniendo estas preguntas como guía, intento embarcarme en un ejercicio constante de la disidencia de los sentidos. Una disidencia interespecie.

El taller ha sido una consecución de ejercicios que apuntaban a ello[84]: a reírnos, a imaginar, a contradecir-

---

84. Quiero agradecer a Caro Novella por la no crónica de este taller. El texto que sigue a continuación de éste en el libro relata de manera muy profunda y bonita todos los procesos que se dieron en tres días de convivencia

nos, a intentar hablar menos con la boca y mover más las manos, mancharnos los dedos con agar agar, deslizar la respiración por el cuerpo, observar en silencio. Nos acompañábamos con las biodivas sanadoras[85] mientras hacíamos bombas de semillas para sembrar las tierras áridas.

El taller transmutó en su nombre y contenidos antes de comenzar[86]. Mantuve algunas líneas de investigación/acción planteadas en Quimera Rosa sobre performatividad de la vida de laboratorio y herramientas para poner el cuerpo sobre la mesa de experimentos y guiades por el proyecto Trans*Plant reflexionamos sobre autoexperimentación e identidades más allá del género y reino asignado al nacer. Less human than human y disforias de reino[87].

Después llegó la microscopía y el cambio de escala.

Zoom in x10 cultivamos nuestra microbiota en placas petri y la pusimos a incubar, practicando un tipo de reproducción que no es humana. Sexo bacteriano: trasvase de información de un cuerpo a otro.

y taller. También quiero agradecer especialmente a La Lioparda Teatre por la acogida y el amor.

85. Tarot de las biodivas: https://static.wixstatic.com/ugd/57e69f_20d03a13cc564a24810b052a2a622e57.pdf

86. El programa inicial era un taller de Quimera Rosa (Kina Madno y Ce Quimera) llamado "SF Trans*Plant: Introducción teórico-práctica al bio-hacking a través del espejo quimérico". Finalmente el taller lo di en solitario y cambié parte de sus contenidos y dinámicas orientándolo a temas que estoy investigando al margen del colectivo.

87. Para más información sobre Trans*Plant y talleres de Quimera Rosa visitar: https://quimerarosa.net/transplant/

Zoom in x40 salimos en búsqueda de bichitos invisibles al ojo humano que habitan en cada objeto, cada esquina del territorio. Les miramos al microscopio, nos concentramos en observar desobedeciendo: el juego es divertirse mientras se estudia cómo la biología se empecina en clasificar y taxonomizar cuerpos y relaciones; dibujos y fotos con una estética que colabora fuertemente en meter toda forma de vida en el cajón que le corresponde. Son las mismas taxonomías que sentaron las bases del racismo y toda forma cultural de dominio de los humanos blancos sobre el resto de seres humanos y de los humanos sobre el resto de seres vivos.

Zoom in x100 llegó el Atlas Cuir y nos echamos al suelo a meditar, dibujar y escribir. Y recojo y recojo, taller tras taller, muchos nuevos seres que prontamente formarán un gran Atlas inclasificable, sucio, dispar, barroco, extraño, delirante. El Atlas Cuir es un ejercicio de invención, de bastardización de las clasificaciones biológicas inspirado sobre todo por el trabajo de Lynn Margulis, y no solo[88], pero también es un ejercicio para desaprender la corporalidad humana y habitar otro cuerpo, el de un bicho extraño. Nos transportamos, el entorno es húmedo líquido donde encontramos otros seres microscópicos y donde percibimos los cambios de escala para dejar, de alguna manera, la humanidad y las palabras por un rato.

88. Este Atlas también se nutrió de intercambios con Gaia Leandra y Caro Novella.

ATLAS CUIR.
UN TALLER EN EL CRUCE

Caro Novella Centellas

Importa qué relatos relatan relatos.
Importa qué pensamientos piensan pensamientos.
Importa qué mundos hacen mundos
Margaret Strathern, vía Donna Harraway

Redes- cruces- talleres

Recuerda: No sabemos lo que puede un ~~cuerpo~~[89] taller.
Ni tampoco sabemos dónde ni cuándo empieza o termina[90]. ¿Qué mundos lo componen y le dan coherencia[91]? ¿Qué historias lo nutren? ¿Qué instituciones y

89. De Spinoza, vía Deleuze. Deleuze, Gilles. 1988. Spinoza: Practical Philosophy. San Francisco: City Lights Books.

90. Haraway, Donna J. 1991. "A Manifesto for Cyborgs. Science Technology and Socialist Feminism in the 1980." In Simians, Cyborgs and Women: The Reinvention of Nature, 150. New York: Routledge.

91. Mol, AnneMarie. 2016. "Clafoutis as a Composite: On Hanging Together Felicitously." In Modes of Knowing: Resources from the Baroque,

genealogías conceptuales lo reconocen? ¿Qué cariños lo avivan? ¿Qué lógicas y cosmovisiones lo imaginan? ¿Qué prácticas lo practican? Y ¿qué curiosidades activa? ¿Qué trazos quedan en la piel? ¿Qué energías, qué memorias, qué otros talleres generan? ¿Qué circuitos del conocimiento interrumpe/engrosa? ¿Qué saberes se crean en el paisaje relacional de un taller [relational landscape of a workshop]? ¿Qué límites, clasificaciones y cuerpos produce?

IMÁGENES DEL TALLER ATLAS CUIR / *SF:TRANS*PLANT* POR CE QUIMERA.
FOTO: CARO NOVELLA.

Este escrito nace de la invitación de Ce Quimera de tomar su taller de arte y ciencia como inspiración para un texto; una huella pedagógica nómada, quizá. Lo compongo

242–65. UK: Mattering Press.

desde la memoria, las fotos y las notas que tomé en el taller, y a pedacitos desde el sofá del porche en Ponderosa – un espacio donde habitan otras genealogías de danza y experimentación corporal –. Me pregunto sobre los cruces entre el taller de Ce y los que estoy tomando aquí. Sobre las prácticas que co-componen genealogías y mundos posibles. También escribo desde la ilusión de extender a mi amiga y las prácticas que nos ofrece más allá del tiempo y el espacio. Y aunque este ejercicio tiene antecedentes en otro texto[92], el de hoy se me hace más difícil, siento la responsabilidad de la transmisión y el impacto.

7/09/2023/Revisión 4.0- ABSTRACT

Registro libre del taller *Atlas Cuir / SF: Trans*Plant* por Ce Quimera.

ASISTENT\ES: L. R. M. O. C. Mi. (et al.)

OBJETIVO(s): Practicar modelos que descentren las lógicas del individuo posesivo. Desdibujar las fronteras entre Reinos. Compartir herramientas y prácticas. Contaminar la ciencia. Colectivizar el arte. Auto experimentar. Devenir expertes. *Enrear*[93]. Mutar.

---

92. Este otro texto piensa con el taller "Trans*plant, mi enfermedad es una creación artísitica" que ofrecieron Quimera Rosa en 2018.
https://quimerarosa.net/transplant/mi-enfermedad-es-una-creacion-artistica/ Castellano

93. Forma coloquial de 'enredar'- marca el carácter juguetón de la práctica.

METODOLOGÍA: Participativa [endosimbiosis] [ciencia comunitaria] [auto-experimentación] [inocular] [cultivar ecosistemas] [involucionar] [experimentos sensibles] [ensayar] [meditar] [tirar las cartas] [holobiontizar] [cuirizar taxonomías]

NOTAS PARA LA LECTURA: Los pronombres en el texto van variando. Es adrede. Algunas citas literales y frases que se pronunciaron en el laboratorio están incluidas en cursiva, a veces, nombrando a quién la dijo y a veces sólo incluyendo las iniciales de la persona (porque no le pedí permiso para nombrarla). Algunas veces te verás interpelada y, a menudo, el texto vuelve al relato en 3ª persona. Los pies de página incluyen referencias a otros textos, así como notas del diálogo que se abrió en la revisión de este texto.

AVISO: Aunque este texto piensa con el taller, también piensa con otras cosas, y pone la atención en otros lugares. No esperes un relato objetivo o neutral. Ni siquiera fiel o "veraz"; tómalo como un dispositivo parcial y situado (desde los lugares/tiempos y genealogías/relaciones de poder que encarno) que juega a habitar los cruces y materializar mundos presentes aunque a veces no los veamos ni conozcamos.

Prácticas y relatos

Importa qué prácticas practican prácticas. Las prácticas postpornográficas, herencia del transfeminismo ciborg y la autoexperimentación, practican alternativas a las prácticas del porno mainstream y extienden cuerpos, subjetividades y placeres, abren imaginarios sexuales y desdibujan binarios hombre/mujer, público/privado. *Mismas preguntas, distintas herramientas*, dice Ce, enmarcando este taller como un devenir propio de las inquietudes y curiosidades que habita desde hace tiempo junto a Kina, en el colectivo Quimera Rosa. Esta vez los binarios a hackear son otros: ¿Cómo intervenir en las prácticas taxonómicas de la ciencia moderna? ¿Cómo creamos un atlas cuir que desdibuje las divisiones entre reinos y nos ofrezca posibilidades de existir menos estancas, menos binarias, más interdependientes, exquisitamente atentas a las variaciones de las demás partes?[94]

[endosimbiosis]

Lynn Margullis, microbióloga evolucionista estadounidense, nos ofrece otro relato evolutivo –más allá de individuos autónomos y competitivos–, donde bacterias y bichitos se enroscan, se alían, dan vueltas, se atraen, se comen sin digerirse, forman bichejos mayores y más complejos y se siguen enroscando, componiendo células y organismos que incluso influyen en el desarrollo de los reinos vegetal y animal. La endosimbiosis nos ofrece la evolución como un acto de canibalismo parcial, o de intimidad sostenida entre extraños: una relación simbiótica

94. Como nos propone la filósofa de la ciencia Isabelle Stengers en: Stengers, Isabelle. 2011. *Thinking with Whitehead: A Free and Wild Creation of Concepts*. Harvard University Press.

donde una/varias bacterias co-componen o se incorporan-con otra célula y establecen una unión cooperante para todes. Otra palabra para estas entidades endosimbióticas es "holobiontes".

[conocimiento de código abierto]

▷ Trae los libros que inspiran el taller[95].
▷ Comparte links para rastrear el conocimiento (y evita powerpoints de saberes estancos).
▷ Desvela los protocolos, las fórmulas, los pasos o pautas.
▷ Alienta que el grupo solucione problemas.
▷ Evita dar todas las respuestas. Seguro que hay otras.
▷ Lee citas de científicas decoloniales que ofrecen palabras y conceptos indígenas para las cosas invisibles a la ciencia[96].

95. Algunos de ellos, aunque como dice Ce, "claramente no todos", son: "Una trenza de hierba sagrada" de Robin Wall Kimmerer, "Impulso Involucionario" de Carla Hustak y Natasha Myers, el periódico "Ni Urras ni Anarres" del proyecto Trans*Plant de Quimera Rosa y "Cinco Reinos, guía ilustrada de los Phyla de la vida en la tierra" de Lynn Margulis y Michael J. Chapman.

96. Esta es la cita de la bióloga Robin Wall Kimmerer: "El idioma que hablan los científicos, por preciso que sea, se basa en un profundo error gramatical, una omisión, una grave merma respecto a las lenguas indígenas que se hablaban en estos territorios. Mi primer contacto con esas ausencias lingüísticas fue la palabra Puhpowee, perteneciente al idioma de mi pueblo. Me la encontré en un libro escrito por la etnobotánica anishinaabe Keewaydinoquay, un tratado sobre los usos tradicionales de los hongos. Puhpowee, explica, podría traducirse como "la fuerza que hace que los hongos salgan por la noche de la tierra". Como bióloga, me sorprendió que existiera una

▷ Lanza una tirada con la baraja de Bio*divas Sanadoras*[97].
▷ Haz bombas de arcilla con semillas de artemisia[98].

[prepara el medio]

Encontrarás el detalle de cómo preparamos un medio, en otro taller, en otro tiempo. Ve a la sección segunda del texto: *Del Consentimiento al Cosentir: Ensayando Ecologías del Estar Expuesta en Trans*Plant, mi enfermedad es una creación artística de Quimera Rosa*[99].

palabra así. La ciencia occidental, pese a todo el vocabulario técnico que atesora, carece de tal término, no tiene palabras para enfrentarse a ese misterio. Uno pensaría que si alguien ha de tener palabras para la totalidad de los fenómenos de la vida, serían los biólogos, pero resulta que la terminología científica se limita a definir los límites de lo que conocemos. Todo aquello que escapa a nuestra compresión no tiene nombre". En Wall Kimmerer, Robin. 2021. Una Trenza de Hierba Sagrada. Madrid: Capitán Swing, p. 64.

97. Baraja con 21 cartas que representan a sanadoras, médicas, enfermeras, promotoras de la salud, chamanas y parteras que con su labor han contribuido al bienestar de sus comunidades, en un ejercicio para despatriarcalizar y descolonizar colectivamente la historia de la medicina. Proyecto editado por Klau Chinche para Revista Hysteria. Descárgatela en https://hysteria.mx/baraja-de-sanadoras-biodiva/ (varias artistas 2021).

98. Lee más sobre la industria farmacéutica y la artemisia en periódico "Ni Urras ni Anarres" del proyecto Trans*Plant de Quimera Rosa y en https://quimerarosa.net/transplant-es/

99. Léelo en: https://revistas.udistrital.edu.co/index.php/CORPO/article/download/14234/15592?inline=1 Novella, Caro. 2019. From Consent to Cosense: Rehearsing Ecologies of Exposure within Quimera Rosa's 'Trans*plant, My Disease Is an Artistic Creation'. Corpografías. Estudios

[Autoexperimentación]

O cómo hacer un cultivo de bichos que están en nuestro propio cuerpo.

1. Frota el isótopo con ímpetu por la zona de "tu" cuerpo donde la curiosidad te lleve.
2. Roza el isótopo suavemente sobre el medio de agaragar.
3. Pon la placa petri en la incubadora.
4. Déjalo cultivar 24 horas (o más).

L. se frota detrás de la oreja, R. se raspa el sobaco. M. el lagrimal. El codo, la boca.

Me meto el isótopo en el coño, le doy unas vueltitas. Lo siento húmedo. Ahí estarán. Entre los dedos de los pies. *Hay que ponerse creativas*, dice M.

[recolectar colonias]

Salimos en busca de lugares húmedos. Esto es un desierto. 35° C. Aunque hoy llovió, apenas se nota. Miramos sin ver. Buscamos posibles paraísos bichiles. Parece que nos guía el asco: caca de paloma, un algo pringoso pegado a un banco, la boca de una manguera, un pedazo de hoja putrefacta en la fuente, restos de comida. Qué lógica más rara esta del asco donde está la vida.

Críticos de y desde los cuerpos 6 (Especial Ecologías Afectivas): 134–52. Bogotá: Revistas Udistrital.

[Inocular]

Es cuando cogemos una pequeña muestra y la diluimos con una gota de agua destilada, para que sea menos densa y poder cubrirla con el cubreobjetos. Así podremos acercar una lente de mayor aumento. Este método puede generar estrés en los microorganismos y que no se muevan por un rato.

[Mirar al microscopio]

1. Prepara la muestra en el portaobjetos (puedes seccionar una porción del cultivo con el bisturí o inocularla).
2. Colócala en la platina del microscopio.
3. Selecciona el lente.
4. Acércate a mirar.
5. Regula el enfoque con las rueditas laterales.
6. Ten paciencia. Igual andan estresados los bichitos.

Llegó el momento de veros. La excitación se siente en la prisa con la que preparamos las platinas. Me pongo en la fila. Ra coloca algo, lo que fuera que vive en las raíces de una planta. Ce nos muestra cómo enfocar. Me doblo hacia delante. Miro queriendo ver. Giro la ruedecilla para encontrar el foco, buscando ver; nos movemos entre distintos planos. Vosotres también estáis en distintos planos. Buscamos ver las criaturas con las que compartimos cuerpo. Las bacterias, hongos y demás. Me atrapo, nos atrapamos, queriendo ver... Las herramientas del amo[100] son seductoras. Hacen cosas mágicas[101]. El tiempo se vuelve chicle y tenemos la atención atrapada por el *pull* irresistible de los visuales y el morbo de conoceros. Miro sin saber el qué. Queriendo veros. Busco movimiento. ¿Qué forma tienes? ¿Cómo te mueves? ¿Vas en grupo? ¿O solo? Buscamos saber para poder ver. *¿Eso es uno? O ¿son muchos pegados?* Vemos. Sin saber. *Hay que darles tiempo, que se desestresen.* Vamos cambiando platinas, un poco de tu cuero cabelludo y algo de su vagina. El microscopio y la imagen proyectadas en tamaño gigante en la pared me remontan a cines de verano y clases de ciencias naturales. *¿Hago un video de tu axila?* Hay dos rueditas que se mueven de lado a lado y otra que se acerca y se aleja. Navego entre los distintos planos. Si me paso un pelo, todo se emborrona y ya no veo nada... *Mira, ahí va uno*

---

100. El texto original de esta cita increpaba al racismo en el feminismo académico en los ochenta y urgía a las feministas a soltar los campos de saber que dividen, demandando que se centraran las diferencias entre mujeres como fuente de saberes y de fortalezas. Que el eco de su voz nos recuerde las divisiones que existen y seguimos re-produciendo con los aparatos de conocimiento de la modernidad petro-racial y patriarcal. Lorde, Audre. 1984. "The Master's Tools Will Never Dismantle the Master's House." In Sisteer Outsider: Essays and Speeches., 110–14. Berkeley, CA: Crossing Press.

101. Lo mágico, como un acto de ilusionismo que ofrece lo que se observa como una realidad material fija, parada en el tiempo, oscureciendo la relación entre las prácticas de observación y los mundos que crean. Barad, Karen. 2007. Meeting the Universe Halfway: Quantum Physics and the Entanglement of Matter and Meaning. Second Printing edition. Durham: Duke University Press Books.

lento y grande. Cuando tenemos a unos se nos escapan otros. Recuerdo que cualquier acto de observación hace un "corte" entre lo que se incluye y lo que se excluye del fenómeno que se observa[102]. ¿Qué miras? ¡*Tengo una autopista en el coño! Es como mirar la tele, pero mejor.* Vemos con lo que sabemos. ¡*Un pájaro!*

La ciencia no es ingenua, ni imparcial. Uno de los orígenes del microscopio es la lente magnificadora (telescopio) que Galileo desarrolló y ofreció a la República Veneciana como herramienta de vigilancia militar. La misma con la que validó el modelo heliocéntrico de Copérnico que le costó su condena por la inquisición. Intereses económicos y disputas epistemológicas confluyen en el diseño y la construcción de los aparatos de observación. Imbricadas en la tecnología del mirar por el microscopio están los ensayos clínicos de fármacos así como el estudio y desarrollo de armas biológicas. Lo que observamos está cargado y compuesto de historias que producen realidad. Importa qué prácticas practican prácticas.

---

102. Como propone Karen Barad en su trabajo sobre Realismo Agencial (Idem).

[Holobiontízate]

Escoge un lugar de la sala y colócate, cómodamente.

Cierra los ojos.

Siente el contacto de la superficie. Deja ir el peso y las tensiones acumuladas. Relaja la mandíbula, afloja los ojos y suelta el cerebro. Permite que la gravedad y los movimientos de la respiración te/os acunen y sostengan. En este vaivén, siente como, poco a poco, el suelo se vuelve líquido, los bordes de todos tus órganos se disuelven y toma(i)s las dimensiones de una criatura microscópica.

Imagina que flotas o estás sumergida en un jugoso caldo que te arropa y te sujeta a la vez. Un medio de PDA (Patata, Dextrosa y Agar Agar)[103] que te provee de azúcares, la energía necesaria para tu crecimiento. Siente la densidad del medio activar tus partes. Puede que te abras porosa, que brilles o desarrolles trompetas succionadoras. ¿Cómo reaccionan tus componentes orgánicos y químicos en este entorno? Deja que el medio te nutra y te forme.

Otras criaturas comparten el espacio contigo. Hongos, levaduras, bacterias, protistas (quién sabe)[104]. Siente sus

103. https://es.wikipedia.org/wiki/Agar_papa_dextrosa
104. "Me quedé pensando en tema protistas, porque no siempre son unicelulares. Los protistas en su mayoría tienen células eucariotas, como los

fluctuaciones a través del compuesto gelatinoso que habitas. Un despliegue titilante que impacta en tu cuerpo unicelular, dejándote la huella de vibraciones sugerentes. La vibración – como movimiento filogenético inicial – es el grado de atracción o repulsión que subyace todo movimiento, percepción, intuición, organización y relación[105]. ¿Qué oscilaciones, sacudidas, temblores te mueven? Puede que te arrastre una corriente, que una fuerza centrípeta te voltee sobre tu eje o que una atracción irrefrenable te impulse hacia a otros cuerpos. Deja que el medio te guíe.

Permite que las relaciones improvisadas te configuren.

...pausa

¿Sabías que Darwin jugueteaba a ser avispa[106], experimentando con su propio cuerpo y sus sentidos la relación erótica entre la orquídea y la avispa?[107]. Aunque a veces se nos

animales, las plantas y los hongos. Aunque hay millones, es como una bolsa de sastre donde meten todo lo inclasificable aún. Por eso son tan fascinantes" dijo Ce, en respuesta al borrador inicial de este texto.

105. Bainbridge Cohen, Bonnie. 2012. *Sensing, Feeling, and Action. The Experiential Anatomy of Body-Mind Centering*. 3rd edition. Toronto: Contact Editions.

106. Leer más en Hustak, Carla, and Natasha Myers. 2020. *Impulso Involucionario: Ecologías Afectivas y Ciencia de Los Encuentros Planta/Insecto*. Pliegue. https://medium.com/@pliegue/impulso-involucionario-ee723ee27e9e.

107. "Me flipó esta charla que tuvimos mientras yo preparaba el taller y tú leías el libro en el sofá. Y decías a cada rato que tenías la sensación de no haber

olvida, ciencia y arte confluyen en el método experimental: el contenedor en el que probar *¿qué pasaría si?*. En el laboratorio y el ensayo los sentidos se activan. ¿Qué pasaría si activáramos nuestra imaginación con ejercicios somáticos y prácticas de movimiento? ¿De qué otra forma podemos acceder a las metáforas de la ciencia? ¿Qué otras relaciones podemos configurar cuando activamos aparatos de observación somáticos, intuitivos, experimentales? Esta meditación guiada, imaginación kinestésica[108] / experimento sensible es una práctica bastarda para cuirizar - enrarecer - los hábitos taxonómicos modernos. [This Kriya as Kinesthetic imagination as scientific experiment is a bastard practice to queer modern taxonomic habits]. Un calentamiento hacia nuevas formas de conocer e imaginar bichos posibles. Un entreno para sensibilizarnos a

entendido nada del libro cuando lo leíste en inglés, a pesar de hablar y escribir perfectamente inglés. Me flipa en el sentido de que creo que estos textos que hemos encargado a diferentes personas sobre los talleres que se están haciendo en la Pluriversidad Nómada tienen algo que ver con eso también: los textos no son una crónica del taller sino que son disparadores, porque siempre una crónica, también, es bastarda. La lectura de un texto traducido o que traduce una acción en texto está vinculado con lo bastardo. La traducción de un formato a otro también es bastarda. Parece inevitable que en la reproductividad de un artefacto se pierdan cosas en medio, aunque aparezcan también otras nuevas" dijo Ce, en respuesta al borrador inicial de este texto.

108. Me inspiró para el diseño de esta meditación, la Kryia para cultivar tu planta interior de Natasha Myers. Myers, Natasha. 2014. A Kriya for Cultivating Your Inner Plant. UK: Centre for Imaginative Ethnography, Imagining Series Symposium. https://www.academia.edu/6467794/A_Kriya_for_Cultivating_Your_Inner_Plant.

las relaciones que nos componen. Una activación soma-
to-kinésica para imaginar taxonomías cuir. El preámbulo
a una taxonomía en 3D de vida microbial en la que X, X,
X, X se conectan. X se come a Y y forman conglomerados
mayores, hasta desarrollar otros reinos.

[crea un atlas cuir]

1. Dibuja y nombra tu ser microscópico.
2. Rellena su ficha técnica.
3. Espárcelos por el espacio.
4. Léelo en voz alta.
5. Crea vínculos con hilos de colores.

Los atlas, ofrecidos como objetos de "verdad natural", velan la
práctica taxonómica – esconden el método científico/clasifi-
catorio – que los constituye, y ofrecen el mundo como meras
representaciones fijas, sin vida, ni historias, ni tensiones. A
pesar de que los antecedentes de las clasificaciones taxonómicas occidentales se atribuyen a filósofos y médicos griegos,
los modelos taxonómicos modernos les reemplazaron, sobre
todo gracias al desarrollo de las lentes ópticas que permitían
estudiar detalles de las distintas especies. El énfasis pasó de
los aspectos médicos a los taxonómicos vía la biologización
de la medicina y la politización de lo biológico[109].

109. En una deriva discursiva, una contaminación entre campos de saber,
las teorías del médico y biólogo Bichat sobre la vida, donde propuso la di-

La práctica taxonómica moderna trata de encontrar similitudes, crear categorías, consensos y mundos de seres individuales con fronteras impermeables – *el mundo vegetal y el animal no se pueden cruzar*—. Una ficción, otra, de la ciencia moderna. Y un objeto de conocimiento colonial nada inocente.

> *RECUERDA: las clasificaciones taxonómicas de animales humanos –la creación de las diferencias raciales– han servido para justificar el expolio, secuestro y genocidio masivo y sigue sosteniendo sistemas distributivos desiguales de riesgos y recursos para la vida.*

Más allá de un sistema de conocimiento biocéntrico que asume que somos, total, completa y puramente seres biológicos, atados a la evolución y sus temporalidades teleológicas. Katherine McKittrik nos propone que somos cuentacuentos fisiológicos [fisiological story-makers]. Bio y mito. Creadores de relatos evolucionistas ficticios acerca de nuestra existencia biológica. ¿Podemos imaginar nuestro pasado-presente-futuro más allá de las lógicas (biocéntricas) coloniales?[110]

visión entre vida vegetativa y vida activa/racional se trasladaron a la filosofía, la política y la antropología. Esta división se usaría por la antropología del momento (S.XIX) para jerarquizar las razas humanas. Encontramos esta deriva detallada en el libro: Martinez-Garcia, Miguel. 2021. *BIOS, Literatura, Enfermedad, Formas de Vida.* Universitat de Valencia.

110. McKittrick, Katherine. 2020. Dear Science and Other Stories. Durham: Duke University Press.

Pasamos un rato escribiendo y dibujando; animando seres microscópicos y dándoles nombre: *Hugh, Ater, Eman Oge Estractorus, Molinata Spiralis, Protista, exhuberantephylococa, Acufemus vibratoris, Oceanica -Fluorescence-23, Espelmatron, luciferus magnus...* Rellenamos su ficha técnica: lugar de recolección, modo de recolección y descripción. Extendemos nuestros "bichos" en el suelo del estudio. Leemos en voz alta dónde te encontramos, cómo te recolectamos, lo que haces, lo que te gusta y lo que te mueve. Cómo te reproduces... y empezamos a materializar vínculos: estos tres comparten una inclinación sónica, ese y este vibran. Igual ese se come a este. Seguro que se nos escapan muchas.

En una hora tenemos nuestra composición taxonómica: placas petri tintadas de azul-rosa-amarillo con cultivos de axilas, lagrimal, boca, etc... intercaladas con fichas técnicas e hilos de colores. Como juegos de figuras de cuerdas[111], que se tornan instalación taxonómica en 3D, hilos de lana de colores trazan clasificaciones cuir de mundos microbiológicos en distintos planos de realidad. Protistas cuelgan del techo, enlazados en una categoría mística con X y Z. Otras conexiones

---

111. Me recuerda al juego de cuerdas que usa Dona Haraway como metáfora en su texto: Haraway, Donna Jeanne. "A Game of Cat's Cradle: Science Studies, Feminist Theory, Cultural Studies." Configurations 2, no. 1 (1994): 59-71. doi:10.1353/con.1994.0009.

vienen marcadas por las capacidades lumínicas, sonoras o porque X se come a O.

La instalación no es una instantánea de algo que existe "allá fuera", o helado en el tiempo, sino la condensación de múltiples prácticas materiales comprometidas con el crear mundos. El set de prácticas imbricadas [entangled] en la escultura son: la microbiología, el activismo de código abierto, el postporno, la óptica, el activismo de la salud, la ciencia popular y feminista, las prácticas oraculares, filogenéticas, meditativas, la cría de ovejas, el hilar, la producción de papel, la danza experimental, la microscopía…

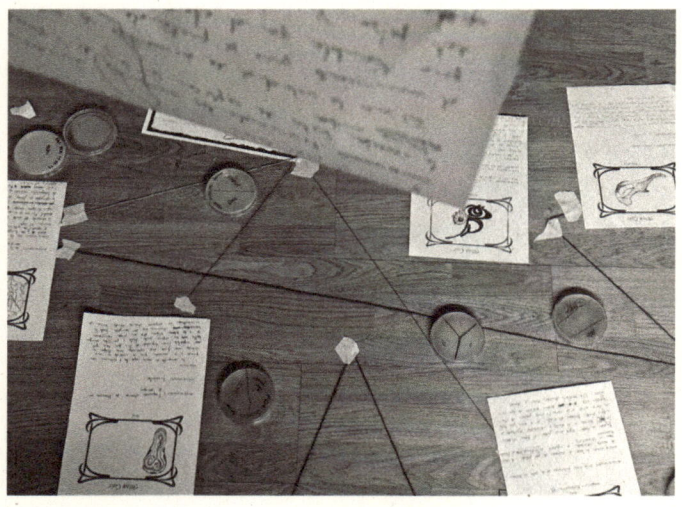

IMÁGENES DEL TALLER ATLAS CUIR / *SF:TRANS*PLANT* POR CE QUIMERA.
FOTO: CARO NOVELLA.

Y no sólo 'un' taller

La instalación bio-mitológica-escultura emergente encapsula prácticas y activa derivas discursivas en el cruce. Arte/ciencia, experte/no-experte, bio/mito, humanx/naturaleza, postporno/bioarte. El conocimiento que se genera es "raro" (cuir) –se sale de las normas de la ciencia–. Es lo que tiene el arte: se (puede) excede(r). Y me viene a la cabeza otra amiga, Marisol de la Cadena, y pienso con ella y cómo articula la fórmula "not only" [no sólo], para señalar ese espacio de exceso en la traducción etnográfica entre mundos. Cuando las entidades son (y no sólo son una), pero lo que puede ser, no lo podemos conocer[112]. Pienso en este taller, ejercicio singular, que contiene a la vez múltiples prácticas, historias y relaciones.

Un ejercicio rebelde, para indisciplinarnos
y fusionar conocimientos.
Un laboratorio de ciencia bastarda.
De rebelión cognitiva.
De isótopos en el sobaco y de pelos
de coño en papelinas, para mirar.
Un disruptor de la tendencia evolucionista.
Un atlas cuir.
Un ejercicio restaurativo de saberes extraídos.
Un ensayo de justicia bio-transformativa, quizá.
Y no sólo.

112. de la CADENA, Marisol. 2014. "Runa, Human but not only" HAU: Journal of Ethnographic Theory. https://doi.org/10.14318/hau4.2.013.

Igual en esa fórmula, donde la traducción no puede capturar todo, ni conocer todo, como dice Ce, donde la traducción es bastarda, donde el artefacto pierde repro-ductividad- en los límites de las traducciones y en el aceptar que no podemos saber dónde empieza/termina un taller, y que "un" taller es *no sólo* un taller, es donde este dispositivo (texto + taller) que juega con la materialidad de la ciencia, nos recuerda que importa qué prácticas practican prácticas y que, en el cruce, nos jugamos qué mundos se hacen posibles.

CA2 = IRRADIAR AQUELLO QUE EL HABLA NO ATRAPA

Tatiana Avendaño y Anaís Córdova-Páez

5, 6 y 7 de julio de 2023, 16—20h
Tabakalera – Donostia – Europa

HACERNOS NUBE CON UN CUARZO

Tatiana Avendaño

Cuando la Pluriversidad Nómada decidió invitarnos a Anaís Córdova-Páez y a mí a participar en su programa del 2023, en el taller "Ca2 = irradiar aquello que el habla no atrapa" quisimos invocar los poderes conductores del metal blando que es el Calcio (Ca) - elemento principal de nuestros huesos y que hace del esqueleto nuestra antena más poderosa- para amplificar las investigaciones de la Cuerpx Antenx y tal vez irradiar a través del cine experimental aquello que el habla no atrapa, que puede ser algo parecido a lo que la internet no alcanza a transferir ni almacenar por sí misma. Exploramos la capacidad de transmisión de datos, ondas, frecuencias y sensaciones de distintos materiales, como una invitación para seguir sondeando las potencias ilimitadas y galácticas de la propia cuerpx.

La no-magia de la interconexión, instantaneidad y simultaneidad sin fronteras -según quién y dónde- de la internet es real gracias a una infraestructura, que es el entramado de una capa física[113] y otra que es lógica[114], que tiene como epicentro el norte "occidental" y que ha sido construida sobre (y con) la vieja estructura de dominación y opresión colonial. Esa dichosa inmaterialidad, que ha dado tanto que escribir y pensar en los claustros del mismo norte, sus vaporosas ideas han abonado el terreno para que la distancia entre nosotrxs y de nosotrxs con todo lo que nos rodea (incluida la tecnología) sea cada vez más grande.

Es así como la tecnología ha sido determinante en la profundización de la "brecha sensible", que es la separación entre nosotrxs y la vida. Si pensamos que todo lo que hace la tecnología es algo que ya hacen los elementos en sus diferentes estados en esta esfera llamada Tierra, y que nosotrxs estamos hechos de los mismo elementos, tal vez podemos desarrollar prácticas que nos permitan activar las propiedades transmisoras de nuestros cuerpxs. Tratando de zanjar esta brecha Ca2 propuso varios ejercicios que tenían en común activar las capacidades transmisoras de nuestros cuerpxs (capa física) y explorar alianzas con nuevos materiales intentando activar otras potencias de nuestra capa lógica.

113. Cables de cobre, fibra óptica, antenas, servidoras, routers y modems.
114. Software, protocolos, políticas y acuerdos, estándares y configuraciones.

El cuarzo ha sido un elemento estratégico en el desarrollo de la tecnología, no solo por sus capacidades piezoeléctricas sino por su gran capacidad para almacenar información y generar frecuencias estables y constantes. En Ca2 trabajamos con diamantes de herkimer, un pequeño cuarzo que no tiene raíz y por esto en su proceso de formación jaló una gran cantidad de información de la galaxia por lo que es aliado estratégico para desarrollar la telepatía.

Ca2 fue un espacio para invitar a otrxs cuerpxs a ser parte de esta experimentación, hacernos nubes con un cuarzo, cuestionar la inmaterialidad de la internet y aprovechar los recursos del cine experimental para irradiar aquello que el habla no atrapa. Este texto no refleja todo lo que en esos tres días de taller pudo empezar a mineralizarse.

EXPERIENCIAS TELEPÁTICAS O CONVERSACIONES CON OTRAS ESPECIES

Anaís Córdova-Páez

La ausencia/presencia de luz fue detectada por nuestrxs ancestrxs y lentamente fue adaptándose al ambiente, condiciones y presiones del ecosistema, lo cual resultó en la formación de los ocelos, una especie de ojo primitivo que comprendía varias células fotosensibles que perciben luz, pero no imágenes. En algún momento este sistema se reformula hasta la formación del complejo ojo, dejando una memoria evolutiva de la luz y su presencia en nuestros ganglios. La ventana de lo visual fundamenta su funcionamiento junto al sistema sensorial de nuestrxs cuerpxs. Visionar, por lo tanto, no sucede únicamente por los ojos. Es el cuerpo el que comprende y ve.

En un mundo donde el tecnocapitalismo nos llena de "soluciones tecnológicas" que mantienen su modelo a flote, recordar los sentidos, los procesos evolutivos y personales, criticarlos, juntarnos a experimentar y explorar otras maneras de comunicación, son vías palpables para hacer frente a la crisis. A medida que nos dejamos sentir, expandimos la posibilidad de experimentar y cuestionar.

Ca2 = irradiar aquello que el habla no atrapa fue un llamado a la experiencia pensada para activar el conjunto, un lugar amoroso donde el hacer con las manos tomó otro lenguaje: el lenguaje de los sueños. Puso en valor nuestras relaciones con otros seres fuera de lo humanx y todo esto es irradiar ideas, frecuencias, energía que atraviesa de unx cuerpx a otrx cuerpx. Irradiar en conjunto es un acto poético, antisistema. Es la ilusión de otras formas de comunicación, y la posibilidad de transformar la ciencia en experimento, el experimento en cine.

El hacer desde las técnicas del collage con base en el cine experimental permite hablar desde otros sentires con nosotrxs mismxs, es un espacio de probar sin ver, de escuchar el proyector de 16mm, y de colocar la atención en las sensaciones. La imagen en movimiento creada colectivamente pone además un énfasis en el hacer conjuntamente cine como un lenguaje nuevo que transita entre los sueños y la telepatía.

Además de la experiencia hacia otrxs, esta propuesta colectiva fue una juntada desde dos prácticas artísticas que se han ido acompañando desde la hermandad, nosotrxs con Tatiana practicamos constantemente la telepatía (¿o ella la práctica en mí?) y la necesidad de crear otrxs formas de familias humanas y no humanas.

Ca2 = irradiar aquello que el habla no atrapa tomó un poco de conocimiento occidental científico e hizo una mezcla con el cuerpo, los sueños y la experimentación, haciendo el conocimiento más nuestrx y menos de otrxs.

FRECUENCIA, APERTURA, TEMBLOR.
[Algunos apuntes para registrar aquello que irradia]

danele sarriugarte mochales

nota

este texto es un registro libre del taller *Ca2= irradiar aquello que el habla no atrapa*, organizado por la pluri-versidad nómada y desarrollado de la mano de tatiana avendaño y anaís córdova-páez los días 5, 6 y 7 de julio de 2023 en el centro tabakalera de donostia[115].

115. quiero agradecer de todo corazón a ce quimera y a lucía egaña por su trabajo y por la invitación a escribir, a tatiana y a anaís por el tiempo, la atención, los saberes y las prácticas, a itziar imaz y oihane espúñez por el espacio y todas las facilidades, y a lxs compañerxs que participaron por compartir y conectar. gracias a todxs por la confianza y el calor.

empezar

para ir entrando nos entregamos a un ejercicio de activación dándonos pequeños golpes con los puños desde los tobillos hasta la cabeza. respiramos. algunxs cerramos los ojos. hay quien gime y quien bosteza. intentamos sintonizar con una frecuencia, cierta frecuencia. en algunos lugares los pequeños golpes con los puños son saludos, una especie de reconocimiento, sobre todo en el caso de las piernas que me anclan y me dan sustento. siento un hormigueo de vida en las plantas de los pies. en otros lugares los golpes enternecen, lugares blandos como la tripa, la parte baja de la espalda o los pechos. en los hombros llevo toda una carga, y tengo que quedarme ahí un buen rato hasta que dejo de encogerme y la respiración por fin se abre. en la cara y el cabello los puños se vuelven dedos que acarician. después nos sentamos.

escribir

para mí la escritura también pasa por conectar con cierto tipo de frecuencia, cierto ritmo, esa *ola en la mente*: una vez alcanzas ese ritmo *es imposible que te equivoques con las palabras*, una vez *la ola rompe y se asienta*[116] las palabras empiezan a encajar. palabras que se mastican[117], *pala-*

---

116. siguiendo la expresión de virginia woolf que me llega mediante ursula k. le guin. *contar es escuchar*, círculo de tiza, madrid, 2018. traducción de martín schifino.

117. ixiar rozas, *sonar la voz. 9 ensayos y 9 partituras,* consonni, bilbao, 2022.

bras dotadas de poder para reptar por el suelo[118]. al escribir invoco y me rodeo de otrxs, y hoy antes de recostarme con un ordenador portátil en el regazo leo las últimas páginas de un libro que me recomendó anaís y que estaba físicamente presente en la sala z donde hicimos el taller, la sala z donde nos entregamos a un ejercicio de activación dándonos pequeños golpes con los puños desde los tobillos hasta la cabeza antes de sentarnos.

el libro estaba encima de una mesa, todo lleno de marcadores de colores. el libro se llama *imaginación material* y es de andrea soto calderón y hoy, antes de ponerme a escribir esto, subrayo lo siguiente: *el pensamiento es posible gracias a la punta de los dedos, en donde la mano ya no se desplaza de un punto a otro, sino que el gesto insistente de nuestros modos de producción de imágenes y pensamiento, incluso textual, pasa por el apretar,* y también esto: *la cuestión es que tecleamos a tientas, iniciamos procesos de los que, en la mayoría de los casos, desconocemos por completo sus funcionamientos,* y por último esto: *la figura del tanteo remite al modo en que nos aproximamos a algo cuidadosamente, sin anteponer las expectativas y las significaciones que han sido fijadas*[119].

118. zafra, remedios. *ojos y capital*, consonni, bilbao, 2015, pág 15.

119. andrea soto calderón, *imaginación material*, ediciones metales pesados, santiago de chile, 2022, p. 137.

soñar

sentadxs, hablamos de nuestros sueños, nuestros sueños en el sentido literal, no en el figurado: sueños recurrentes, sueños recientes, sueños de siempre. yo pocas veces recuerdo qué sueño, sé que a menudo saldo cuentas pendientes y al final eso es lo que cuento, que hace poco soñé una conversación con alguien, alguien que en la vida consciente me había tomado la mano una noche y con quien había formado durante algún tiempo una órbita de amistad poderosa, también finita.

de ese sueño, más que las palabras, recordaba la sensación: un abrazo, un cierre.

hay quien relata que tiene toda una vida paralela en sueños, una identidad onírica propia con lugares que conoce de cuando duerme y escenas que se suceden al margen de la otra vida, la vida despierta —pienso en selver y en el pueblo de athshe, protagonistas de la novela *el nombre del mundo es bosque* de ursula k. le guin[120], para quienes soñar es un método y una fuente de conocimiento—. hay quien prefiere no compartir porque últimamente sólo

---

120. conocí esta novela gracias a la traducción al euskera de amaia apalauza: ursula k. le guin, *oihan hitzean mundua*, igela argitaletxea, iruñea, 2021. para la edición en español: ursula k. le guin, *el nombre del mundo es bosque*, minotauro, barcelona, 2023. traducción de matilde horne.

tiene pesadillas. le recomiendan que, al despertar de un mal sueño, dé la vuelta a la almohada.

tatiana nos habla de ejercitarnos en la memoria de los sueños, de recordarlos como práctica. nos cuenta que durante mucho tiempo los anotaba —pienso en el libro de sueños de itziar okariz[121]—, y que lo hacía nada más despertar, aún en un estado intermedio, recostada en la cama, antes de que lo que ha sido tan vívido se deshaga. pienso en que *la imaginación* [¿como los sueños?] *no suele ser entendida como un tipo de agencia. en el mejor de los casos es comprendida como lo que hace hacer, pero no un modo de hacer específico. no obstante, la imaginación configura maneras de hacer, su dimensión es siempre performativa en el sentido que articula modos de trazar, desear, afectar y habitar la realidad. es un hacer inventivo*[122]. y pienso en ti, claro. tú, la que tan fuerte soñaba y tanto lo recordaba, la que siempre tenía la imaginación fraguando.

hacerse cargo

pienso en ti, claro. somos campos electromagnéticos, y enamorarse es también cierto tipo de conexión, cierta energía, cierto temblor. no es que me hagan falta mayores disparadores para pensarte pero ese día en concreto, el día en que me entregué a un ejercicio de activación

121. itziar okariz, *sueños*, caniche editorial, bilbao, 2022.

122. *Ibid*, p. 55.

dándome pequeños golpes con los puños desde los tobillos hasta la cabeza antes de sentarme con otrxs en un
círculo en la sala z de tabakalera y compartir nuestros
sueños, sueños en sentido literal no en el figurado, sueños
recientes, sueños recurrentes, sueños de siempre, en mi
caso sueños saldadores de cuentas sobre órbitas finitas
de amistad, ese día que es el día 5 de julio de 2023, ce te
menciona porque te conoce y te habló en su momento de
este taller, de la misma manera que la semana pasada anaís
te mencionó porque te conoce y te había hablado de la
charla de lucrecia masson a la que nos dirigíamos. lucrecia
masson, cuyas escrituras rumiantes también me acompa-
ñan cuando escribo este texto, en *un intento* [entre otras
muchas cosas] *por mirar alrededor y no hacia adelante*[123].
así, en el plazo de una semana, la semana entre junio y julio,
llego a creer hasta en dos ocasiones que estarás, que nos
veremos, pero al final no. luego, a los pocos días, queda-
mos, un mes después de hacernos cargo y tomar distancia.
cuando llegas al café nervión yo ya estoy. me miras desde la
puerta y me sonríes tu sonrisa. me acerco, nos abrazamos.
nuestra frecuencia irradia de otra manera. hay algo de otro
modo. cierre y apertura. una modulación. la energía que
no desaparece sino que se transforma.

123. lucrecia masson, *escrituras rumiantes. cuerpo, exceso, animalidad*, pajarera libertaria, bogotá, 2022.

brújula

en el taller hago cosas que no había hecho desde pequeña.
imantar, trazar, pintar. experimentar, probar. preguntarme
por el funcionamiento básico de tecnologías que en el día
a día simplemente utilizo. en una brújula cabe el orden
colonial del mundo. una brújula funciona mediante el
geomagnetismo. una brújula marca el norte mediante
el geomagnetismo, hubiera dicho antes, pero lo cierto
es que lo que marca la brújula es el eje sur-norte, ambas
direcciones. privilegiar una de ellas, pintar una punta de
rojo y cortar la otra es una decisión, una configuración
concreta y violenta del mundo.

fabricamos nuestra brújula de la siguiente manera: restre-
gamos una aguja contra un imán durante un rato, después
la ponemos en el centro de un corcho redondo, de modo
que lo recorra de lado a lado, lo ideal sería poder introdu-
cir la punta de la aguja en el corcho y sacarla al poco de
manera que quede bien enganchada. yo lo intento, pero al
final la pego con celo. ponemos nuestras brújulas a flotar
en un tupper lleno de agua. temblores, expectación, ciertas interferencias debido al plástico del contenedor y a la
cantidad de brújulas que contiene. pero al rato las olas se
asientan y nuestras brújulas marcan el eje sur —tirando
un poco hacia el oeste— y el eje norte —que tirando un
poco hacia el este—.

uno de los problemas es *la creencia que se ha formado a través de un arduo trabajo de borrado por parte de las culturas dominantes, que no existen otras maneras válidas de hacer, otras modalidades de existencia crítica y otras formas de vida. existen, pero han sido sofocadas casi hasta su extinción*[124]. en el caso de los puntos cardinales, son cuatro, y cada uno tiene su frecuencia —¿su función?—: en el este nace la llama que aviva un deseo; al sur crece, se desarrolla; hacia el oeste llega el momento de terminarlo; al norte reposan las almas tras la muerte.

tabakalera

el edificio en el que estamos, un edificio enorme, fue como su nombre indica una fábrica de tabaco y es ahora un centro de arte contemporáneo en un enclave central para el proceso de turistificación de la ciudad. el área de mediación de tabakalera, dentro del cual se acoge este taller, es una de las líneas que más conozco, porque de ella han formado y forman parte amigas, y porque del modo en el que entienden la mediación —desde los feminismos y las intersecciones, en contacto con la comunidad, con el barrio, con las realidades plurales y los públicos reales que día a día hacen el edificio, siempre guardando la memoria de aquellas mujeres que entraban y salían de este gigante de hormigón al son de una sirena, y que entretanto traba-

---

124. andrea soto calderón, *op. cit.*, p. 45.

jaban, reían, luchaban y tejían colectividad—, de esa perspectiva he y hemos aprendido mucho. veremos si sigue.

uno de los proyectos recientes que se está desarrollando
en tabakalera y que poco a poco empiezo a conocer sobre
todo mediante quienes han participado —porque este
bloque de cemento, además de ser grande, puede resultar
hermético—, es la escuela de cine. cuando la pusieron en
marcha yo ya llevaba unos cuantos años viviendo en el
barrio, el barrio de egia, y empecé a percibir la presencia
de la escuela cuando me di cuenta de que veía con regularidad a un grupo de gente desconocida, más o menos
siempre el mismo grupo, en el bar de abajo, el bar de
los riojanos. recuerdo que me fijé en una persona que
llevaba gafas y media melena y casi iba siempre vestida
con ropa negra y aunque tenía pinta de ser muy seria
hablaba y gesticulaba como si un fuego le ardiera dentro.
seguí mirándola de lejos durante un tiempo y luego ya no
pude, se fue. el grupo de gente desconocida con el que me
encontraba con regularidad hacia las ocho de la tarde en el
bar perduró, pero ahora lo formaban otrxs. supongo que
se graduó. afortunadamente hay quien se queda después
de que termine el curso. afortunadamente hay quien he
llegado a conocer más que de vista, gracias a puntos de
fuga abiertos por amigxs en común en la pared que a veces
llega a ser la sociabilidad vasca.

ritual

pintamos directamente sobre una película de 16 milíme-
tros. cada unx recibe un trozo tirando a largo y lo inter-
viene: hay quien le hace rayas y marcas con rotulador, hay
quien lo agujerea, hay quien pega cabellos y quien lo pinta
con esmalte de uñas. yo opto por esto último porque me
atrae la idea y me dicen que seca rápido, algo que no nos
vendría del todo mal. también aceleramos el secado de
algunas cintas con un secador de pelo. juntamos nuestras
tiras hasta que forman una sola película, nuestra película.
lo hacemos con celo y una máquina manual, me enseñan
cómo hacerlo y pego mi cachito al de otrx compañerx a
cada lado. montan el proyector en la tarima no muy alta
que hay a un lado de la sala, enrollan la película en una
bobina. laura, una compañera del taller, abre las tripas del
proyector y coloca la cinta para que podamos ver la película, nuestra película. la rodeamos y miramos sus dedos
mientras lo hace; por la disposición de las luces de la sala
—solo sigue encendida la de la propia máquina de 16 mm
y las pantallas nuestros móviles alrededor, las cortinas
gruesas echadas—, las dos bobinas proyectan una sombra
en lo alto de la pared con nuestras cabezas alrededor.

parece un ritual, para mí lo es.

proyectamos la película, es hermosa. un minuto y medio
de luz y colores en movimiento.

la vemos varias veces, fijándonos en un detalle u otro, aplaudimos desde dentro cada vez. a mí, sinceramente, me parece mágico y me cuesta creerlo, sin embargo he visto cómo se hace, paso a paso. la hemos hecho juntxs.

bailar

el taller también sucede fuera del taller. cuando termina comemos y bebemos, charlamos. algunxs vamos a una fiesta de electrónica donde pincha una amigx. bailar es una de las prácticas en las que más siento que irradio. bailando vibro y conecto con las frecuencias sonoras, olas en movimiento, el magnetismo me tira hacia al suelo y hacia otros cuerpos. bailando fue cómo empezamos a ser amigas con anaís, en esta misma pista en la que hoy estamos después del taller. sobre bailar trata el librito que le recomendé la primera vez que fuimos a una librería las dos. *al igual que el sexo, el baile es una práctica de alteridad de baja intensidad. no siempre lo hacemos de la misma manera, no siempre somos los mismos cuando lo hacemos. [...] el sexo nunca es solo sexo. bailar tampoco es solo bailar*[125].

se trata del mismo libro que te recomendé a ti hace un tiempo, porque también fue bailando cómo conectamos tú y yo. la verdad es que primero te lo dejé prestado pero te estaba encantando tanto que me dijiste que querías tu propio ejemplar para subrayarlo todo todo todo. *bailar*

125. sonia fernández pan, *edit*, caniche editorial, bilbao, 2022, p. 34-35.

es una relación entre cuerpos mediada por la música como superficie de contacto. bailar es una forma de comunicación a través de un lenguaje prestado. es también una tecnología de sincronía emocional gracias a la sincronización material y gestual de los cuerpos. al recoger y asimilar los movimientos de otro, nos comunicamos con el lenguaje de otro. la alteridad se vuelve plural. somos muchos a la vez, somos multitud en un solo cuerpo. ser es devenir. ser implica contagio y no esencia. los gestos no nos pertenecen: somos nosotros los que les pertenecemos, son ellos los que activan la comunidad que baila[126].

coda

hoy el ambiente está algo raro, no estoy plenamente conectada, vibrando sólo a medias o sólo a ratos. es una sensación compartida, y poco a poco nos vamos yendo. más tarde esa noche, tumbada en la cama, saldo cuentas: nos sueño bailando hasta el amanecer. somos el baile, la frecuencia, somos lx cuerpx antenx. somos las ondas sonoras, la luz en movimiento, el abrazo y el sudor.

un cierre relativo: seguimos irradiando.

126. *Ibid*, p. 35.

ESCUCHAR UNA ROCA

Tau Luna Acosta

2 y 3 de septiembre de 2023, 11—17h
Wetlab, Hangar – Barcelona – Europa

Si ponemos atención podemos oír rechinar la tierra mientras da vuelta sobre su propio eje. Se trata de un movimiento lentísimo, apenas perceptible para la impaciencia humana, pero real para todos los seres que la habitan y la vuelven lo que es.

Juan Rulfo

Para este proceso de apertura y experiencia compartida partí de la atención como músculo a ser ejercitado para poder percibir campos invisibles de fuerzas que sostienen la vida.

A través de la atención y de la experimentación de la existencia, el humano hace parte de la producción permanente de mundos; la cosmopolítica, de todo lo que hace parte de la convivencia en la tierra. "La vida es" propone *Krenak*, no está; es una fuerza continua entre cuerpos, materia, mundos y existencia.

Partí de la pregunta por mi propia relación con la $Fe2+Fe3+2O4$ (la magnetita), mineral con el que vengo trabajando desde el 2020 y que ha acompañado mi periplo migratorio en España. Por su composición atómica posee un campo magnético que la convierte en un imán natural, a su vez, la magnetita se encuentra en grandísimas cantidades en la capa más interna de la tierra convirtiéndola en un imán gigante. En mi alianza con la piedra he descubierto que además de estar en el núcleo terrestre y en su superficie en forma de roca volcánica y de cristales, se encuentra en el cuerpo de especies de animales y bacterias migratorias dotándolas del campo perceptivo de la magnetocepción, que es la capacidad de estos cuerpos de sentir los campos geomagnéticos y de esta manera ubicarse para saber a dónde ir a la hora de iniciar sus propios recorridos migratorios y cómo regresar al punto de partida. El encuentro, se desarrolló durante dos días, con una intensidad de 6 horas cada uno, con un descanso para comer juntes, por lo que dividí cada día en dos bloques; uno previo y uno posterior a la comida. A cada participante se le pidió previamente al encuentro que trajera su propio mineral que sería su herramienta de trabajo y abridor de caminos durante el taller. Los cuatro bloques estuvieron formados por una serie de prácticas rítmicas colectivas, de escucha profunda, de lectura colectiva, de escritura y de bordados colaborativos a partir de cartografías minerales. Cada bloque de ejercicios inició con la compañía de una planta que hizo de iniciadora para disponernos a las actividades. Pensar desde y con la magnetita me permite pensar en el sol, como fuerza que da la vida al tiempo que tiene una enorme potencia de dar muerte. Y hacerme preguntas sobre la naturaleza del tiempo humano en relación a la del tiempo mineral y lo que esta distancia de escalas implica dentro de la ceguera del orden colonial ante la vida de los cuerpos minerales.

Durante el taller mapeamos nuestras relaciones minerales y las historias -reales o imaginarias- geopolíticas y migratorias de cada mineral y piedra invitados para llegar a nuestras manos: perforación, explotación, excavación, exploración, extracción. Triturar, moler, lixiviar, exportar, enfermedad, muerte, agua, hueso, medicina, cáncer, farmacia, ritual, tiempo, plomo, necropolítica, represión, sanación, autonomía.

Como todo cuerpo, una piedra es un archivo, al que puede preguntársele por la historia de toda la vida en la tierra y a partir de estas preguntas vislumbrar nuestras posibilidades de alianza y compromiso al cuidado y la reciprocidad mineral.

TRAMA REFLEXIVA: ESCUCHAR UNA PIEDRA

Thais de Menezes

Este texto ensaya un movimiento de cuestiones acerca del taller de Tau, titulado *Escuchar una piedra*. Parto de reflexiones que iniciaron en las discusiones que se dieron durante el taller sin pretender que puedan responderse y/o cerrarse al final del texto, ni siquiera que resuman el taller. Mi movimiento es todo lo contrario. Lo que está en diálogo son huellas de travesías vividas durante el proceso e incorporadas en una piel negra, cosida, migrante, empapada por el agua, sal y sol del Atlántico Sur. Y como tal, las diferentes subjetividades que componen las cristalizaciones histórico-sociales de una negra sapatão[127] latina migrante que insiste, insiste e insiste en cuestionar.

127. sapatão: tortillera, bollera, tortillera, camiona, maricona, arepera.

escuchar > oír > escuchar > escucha

El inicio de la experiencia propuesta por Tau es una discusión sobre las diferentes formas interpretativas entre oír y escuchar, un acuerdo importante para el cruce colectivo propuesto por le artiste. En este contexto, vuelvo a llamar la atención sobre el título del taller que lleva en sí el deseo de escuchar y elaboro la siguiente pregunta:

1. ¿Cómo elaborar un cuerpo, una experiencia de vida comprometida con las distintas posibilidades de escuchar algo más allá de sí mismo?

Aunque sin respuesta - que es mi profundo interés - vuelvo a observar algunos de los puntos destacados en el acto de escucha provocado aquí: aproximación, cuerpo y apertura de los sentidos. Hay un elemento fundamental en el título del taller que corresponde a todo esfuerzo poético y de investigación: la piedra. En este caso, la escucha está guiada por un cuerpo humano y dirigida a un mineral. Aquí surge un destaque: la relación interespecies.

< aproximación > cuerpo > apertura de sentidos >

Las ideas de aproximación insertadas en la experiencia humana de escucha elaborada por le artiste nos llevan a observar la interacción que comúnmente tenemos con un mineral.

2. ¿Es posible una aproximación en la cual todo el cuerpo humano se esfuerce por permitir distintas posibilidades de recibir las nuevas ideas sobre el mineral presentado sin que la experiencia relacional histórica de extracción esté guiando ese encuentro?

Tau incluye la magnetita como mineral de interés en su trabajo, sin embargo, la discusión se expande para que las personas presentes reflexionen sobre sus propias relaciones con diversas rocas. Y cada participante elaboró una cartografía individual reflexionando sobre la pregunta:

3. "¿Cómo ha llegado hasta ti el minero que has traído hoy?" Tau.

La reflexión sobre tal pregunta revela la fuerza de la violencia de la extracción de minerales, así como cuestiones sobre inmigración, violencias y naturaleza. Los cuerpos forzados a migrar porque ya no es posible la existencia en un determinado lugar debido a voraces políticas de exterminio es una realidad compartida también por miembros del taller.

Despedazar. Cortar. Romper. Revolver. Abandonar.
Agotar. Transfigurar.

Los verbos utilizados anteriormente para reflexionar sobre la pregunta de Tau, atraviesan con la misma fuerza y violencia cuerpos humanos y más que humanos, así como los territorios que los componen.

Yo, Thais de Menezes, negra en todos los lugares que estuve. Mujer en la más amplia posibilidad de entendimiento. Sapatão en la experiencia de una sexualidad que rompe con el deseo colonial. Inmigrante latina viviendo en Barcelona. Migré en 2018 con mi compañera más amable y nuestros gatos a Europa. Entendí que mi vida estaba en juego con la ascensión de la presidencia de Bolsonaro y toda la fuerza de muerte que su administración representaba. Por supuesto, no era nada nuevo tener mi vida en riesgo siendo quien soy, pero en ese caso sería difícil vivir. Así que también hay una "extracción" de vidas que a veces se ven obligadas a emigrar, incluso a exiliarse, porque se hace imposible experimentar su territorio, sexualidad, convicciones políticas, racialidad o creencias con dignidad y "seguridad".

Entre algunos animales más que humanos, también se percibe una modificación comportamental en sus movimientos migratorios debido al impacto climático de las acciones humanas. Un ejemplo de este fenómeno es el caso del pájaro Sabiá, tan presente en los territorios donde viví en el sudeste brasileño. Las tres especies de esta ave han visto su territorio de reproducción reducido sistemáticamente, situación que impactará en la supervivencia de su especie. La disminución y/o pérdida de territorio para la experiencia es un tema compartido. Dado que el sistema colonialista capitalista cis hetero blanco es violencia sistémica que atraviesa todo con una fuerza de muerte y destrucción abrumadora.

montanã > láminas > souvenirs > abandono

El filósofo, ambientalista y poeta Ailton Krenak (2020) reflexiona sobre el consumo a partir de la devastación de las montañas y llama la atención sobre el proceso de transformación de las mismas en aspectos distintos de su estado original para ser consumidas por humanos.

El mineral se saca de las montañas y se convierte en planchas (...) Una montaña se convierte en láminas para la fabricación de coches y electrodomésticos, sartenes, frigoríficos, que nunca vuelven a ser una montaña. Es una montaña menos en el organismo de la Tierra. Los metales y todos los otros materiales que se utilizan no vuelven. La idea de reciclar es reciclar para otro consumo. No es una devolución a la naturaleza. Los océanos están agotados por todo lo que les quitamos, además de arrojar basura. Hay fosas en el océano que tienen montañas de plástico. Es decir, estamos desapareciendo montañas naturales en la superficie y creando montañas artificiales en la fosa oceánica[128].

128. KRENAK, Ailton. 2020. A vida é Selvagem. Cadernos SELVAGEM. Rio de Janeiro. Dantes Editora Biosfera, p. 9.

Relaciono las reflexiones de Krenak sobre la transformación de montañas (naturales) en montañas (artificiales) de plástico a unos vídeos sobre extracción de minerales presentados por Tau. Las imágenes muestran trenes, personas y zonas rurales. Cuerpos oscuros con ropa gastada y el paisaje cubierto por un polvo amarillento. Hay un retrato de cuerpos y territorios sometidos a un estado de profundo agotamiento y muerte. Es un montón de gente; una montaña de cuerpos agotados en la extracción de minerales con un polvo formado por partículas de tierra sueltas al viento desde lo que una vez fue una montaña.

4. ¿Cómo escuchar una montaña de cuerpos agotados (natural) mientras transforman la montaña (natural) en planchas laminadas y souvenirs?

Las preguntas planteadas pueden situarse en la frontera entre la epistemología (qué y cómo se puede conocer) y la ontología (qué se es), que en la poética de Tau se presentan en el proceso de aproximación y escucha interespecies. Mi esfuerzo para que no haya un deseo de agotar, terminar, concluir las preguntas es una metodología para reflejar este ensayo. Así, seguiré en el ejercicio investigativo y posiblemente cuando lo lean, muchas cosas ya habrán cambiado. Esta es sólo una huella especulativa de un tema específico en medio de la complejidad del pensamiento compartido por le artiste. Sin embargo, tales huellas permitirán que vuelva a las fisuras que seguirán abiertas a la investigación y no a la captura perversa de la grandiosa investigación *Escuchar una piedra*.

pistas < investigación > movimientos > apertura del cuerpo

Para no concluir y continuar en el esfuerzo imaginativo que pueda acercar a otros pensadores, distintas epistemologías para el seguimiento reflexivo dejaré la pregunta de la compañera Gabriela que más me movilizó durante la experiencia colectiva:

5. ¿Cuáles son las rocas que componen mi cuerpo?

Lo que me lleva a la siguiente pregunta:

6. ¿Serían las rocas que componen mi cuerpo, junto con las rocas que están más allá de mí, las que en relación proponen otras experiencias de escucha?

CONFABULAR E IMAGINAR EL FIN DE ESTE MUNDO.
[Taller de escritura especulativa]

Lucía Egaña Rojas

9 y 10 de septiembre de 2023, 11—17h
La Parcería – Madrid – Europa

El taller se planteó como un espacio para el desorden temporal. Un espacio para viajar en el tiempo con el objetivo de horadar y neutralizar las narrativas en torno a la vida que se enmarcan en visiones patriarcales, coloniales y capitalistas. Estamos rodeadas de descripciones del mundo desde perspectivas tecnosolucionistas, extractivistas y descontroladas. Esas tecnologías se nos presentan como herramientas que resuelven problemas a la vez que agujerean con su violencia al planeta, los cuerpos y especialmente ciertas voces. Por eso me interesaba experimentar con la escritura entendida como tecnología ancestral, forma de crear realidades de cualquier tiempo y estrategia para el ejercicio de la justicia narrativa.

Parto del convencimiento de que las perspectivas y visiones transfeministas y antirracistas podrían convertir parte de estos problemas en otras potencias y circunstancias. Capaces de invertir la carga de violencia a través de la agencia narrativa para crear, en el mejor de los casos, ejercicios de sanación, reapropiación, transformación y reconocimiento de aquello que ha sido históricamente borrado hasta plasmar su existencia como improbable.

En el taller nos reunimos a especular sobre lo (im)posible de formas que desafían el conocimiento normativo y el poder afirmativo de quienes han encarnado siempre al mismo y único sujeto, presuntamente universal. Nuestras especulaciones del futuro, presente y pasado por venir, buscaban relacionarse entre sí para en su unión, congregación y repetición, poder cerrar brechas, recomponer escenas y crear nuevos lugares de posibilidad.

Nos juntamos en La Parcería, espacio migra y antirracista de la ciudad de Madrid los días 9 y 10 de septiembre del 2023. Fueron dos jornadas donde compartimos la mayor parte del día escribiendo, comiendo y generando un espacio creativo y especulativo. Propuse una serie de ejercicios, relacionados con las memorias del pasado y del futuro de cada una de las personas participantes. Ejercicios que interpelaran la propia subjetividad, las memorias territoriales, las posibilidades de dejar de ser humanos, las consignas de lo minúsculo, el formar palabras entre distintos cuerpos devenidos letras, escribir en posiciones incómodas, dejar de ser, ser con otras y crear espacios de afecto comunitario para la escucha y la propia voz. Creo que lo disfrutamos mucho y guardo con cariño las horas compartidas, su posibilidad de extensión temporal y de ser un amuleto de protección ante lo inimaginable.

DEVENIR PLURAL[129]

María Bajo, Romina Casile, Ana CSC,
Elízabeth Manjarrés Ramos, Valeska Morales
Urbina, Iria Rodríguez, Roberta Stubs,
Nur Tissera, Sophia Wong.

129. Selection by Lucía Egaña from the texts that some workshop partici-
pants voluntarily shared to be published in this book.

Hacer textil con tus manos es hacerte cargo de lo que cubre mientras exploras las ruinas del mundo. Si bien antes te podías olvidar de los procesos detrás de cada polo, falda o pantalón; ahora entenderás lo que cuesta. Esa labor detrás de cada una de tus prendas nos permitirá un trueque mucho más balanceado y sin jerarquías. Cada une podrá expresar su creatividad por medio de lo que implemente en sus piezas de textil, con un valor inherente al tejido.[...] No corremos entre mil actividades y exigencias, eso es del capitalismo derrotado. Nos organizamos para poder hacer nuestras telas y hasta podemos hacer extra para los que no tengan la posibilidad de hacer las suyas propias. Nunca dude en pedir ayuda si se enreda con algún punto. Tiene todo a su disposición para comenzar y técnicas, hay miles. Esto es lo bueno de las telas, son una necesidad pero también nos permite la exploración en cada parte de su proceso. Sigamos entretejiendo saberes para protegernos y seguir sanando esta tierra.

y ante el
supuesto fin
del mundo
les veo
petrificarse,
querer
ser como
nosotras.

Destocar el tiempo lineal
Volver al canto ancestral
Una llamada de sentires
Al golpe de los tambores

LAS PIEDRAS ERAN TESTIGO DEL CLAMOR EN LAS CALLES,
EL MUNDO ARDÍA A SU ALREDEDOR,
YA NADA IBA A SER COMO ANTES.
UN TERREMOTO SOCIAL,
QUE TRANSFORMÓ LA VIDA/MUERTE/VIDA,
QUEJOS, LAMENTOS,
DE UNA HUMANIDAD MUTILADA,
ANIQUILADA Y FRAGMENTADA,
OJOS CEGADOS,
OÍDOS SORDOS,
ANTES LAS SÚPLICAS DE DOLOR.
DES-HUMANIDAD
TEN SU CLAMOR

Los clamores EMBARAZADOS DE FUTURO y
sus voces ancestrales

ME PONEN EN LLAMAS.

(Lo que pronuncio nunca es lo que aparenta ser sino otra cosa)

Cuando digo
montaña estoy
hablando de la fuerza
vibratoria de todos
Los cuerpos materia-
les del mundo.
Siente esa otra cosa
que se siente en la piel.
Esa cosa de la que
hablo pero que no
puedo capturar.
Siente la energía de
la vibración.

Ponerme semillas en las grietas
del terreno, esconder el magma
bajo la manta. Las irritantes
son las mejores. Al principio
bastará con un par de minutos,
pero a medida que vaya ejerci-
tándome en el dolor tendré que
aguantar durante más tiempo
para poder llegar a sentir ver-
dadero placer. La corteza late
a ambos lados de los brotes,
bombea para que la lava llegue
hasta la chimenea. La fuma-
rola se vuelve morada, luego
el cráter se pone blanco. Ha
llegado el momento: soltar las
flores de una en una, saborear
la catarsis. En el camino del
adiestramiento del tormento,
las lecturas cumplirán más adelante la función de las brevas.

La humanidad nunca ha estado en mis características identitarias. Porque, ¿qué es la humanidad sino una descripción de lo neurológicamente normativo?

Mi abuelo, a sus noventa años, con su cuerpo arrugado y casi inerte, dejará tras su muerte la herencia de su opresión. Mi madre me traspasa el estrés postraumático que yo arrastro hacia donde puedo, transformándome en monstruo en cuerpo y alma.

La cascada sin
la gravedad

Humedecer,
no inundar

La cascada

sin la gravedad
          Dijeron que no estoy bien encauzada
          Me desbordé más de la cuenta
                              Me desbordé
                              más de la cuenta
                              Humedecer, no
                              inundar
                    Dijeron que no estoy
                    bien encauzada

la mayor parte del tiempo, húmeda, mojada,
resbaladiza, podría asimilarme a un molusco,
un cuerpo invertebrado, curvo y movedizo.
Inquieta e inquietante. Suelo ser un territorio
fértil donde explorar intensidades de
elementos que provienen del exterior, pero
también por donde fluyen los sonidos de las
palabras que vienen de la garganta.

A veces salgo en busca de otras como yo. Primero me
extiendo al contacto de labios ajenos que en su apertura
posibilitan el encuentro. Una vez en contacto, una
con la otra, nos movemos más mojadas que antes,
intercambiando fluidos y sabores.

A veces funciono mejor con unas que con
otras. Es una cuestión de ritmos, de tiempos,
de dejarse llevar. Al terminar, en un ejercicio
de lento retroceso, regreso a mi concavidad
y quedan conmigo, por un rato, las babas del

otro cuerpo en mi superficie.

Muy pronto desarrollé una fijación por el agua.
Humedecía papelitos en el
lavabo del colegio.
Mojaba las esquinas de algunas páginas
de mis
libros preferidos y las secaba al segundo
con mis dedos.
Lo hacía para recordar a mi
yo del futuro
que mi yo del pasado
había estado
ahí.

RECOMENDACIONES PARA ANTES DEL DESPUÉS

▷ Resistir a la imperatividad del hacer constante.

▷ Mirar las nubes pasar todos los días que haya nubes.

▷ Preparar la voz, para decir, cantar, festejar.

▷ Dar amor, mucho amor.

▷ No hacer más de una cosa al mismo tiempo.

▷ Comer frutas y guardar las semillas.

▷ Llevar siempre lápiz y cuaderno.

▷ Evitar a las personas arrogantes y los espacios con jerarquías.

▷ Relajar.

▷ Beber agua y mantenerse hidratada.

▷ Tener lista la tienda de campaña.

▷ Celebrar a los seres queridos.

▷ Aprender a liarte una camiseta en la cabeza; atesorar protectores de estómago para proteger tus ojos.

▷ Pensar en qué tres cosas te llevarías a una isla desierta, qué cinco cosas salvarías de un incendio. Cogerlas y meterlas en una mochila.

▷ Ver una comedia romántica de Hollywood que te encanta en secreto, no la volverás a ver.

- ▷ Agarrar de la mano a tus amigues y hacerse amigues de las hackers; dirigirse al lugar del rito.
- ▷ Meditar y crear tus propios mantras.
- ▷ Organizar y repartir las labores para las horas de la comida.
- ▷ Comer algo dulce, te ayudará a calmar los nervios y te dará energía.
- ▷ Despedirse de aquelles que creas que van a desaparecer.
- ▷ Escribir una carta para les que prevalezcan, no vaya a ser que tú también te esfumes.
- ▷ Buscar otra profesión o manera de subsistir, porque probablemente la academia va a desaparecer.
- ▷ Hacer una comunidad para cuidar de ellos de manera sostenible.
- ▷ Llegados a este punto, los grupos de agricultores y ganaderos podrán hacer un alimento sostenible.
- ▷ Concienciar a los demás sobre lo específico de su personalidad.
- ▷ Cuidar del cuerpo.
- ▷ Cultivar tu mente, nútrete de personas e historia, forma tejidos humanos con los cuales te puedas abrigar cuando colapse el mundo conocido.
- ▷ Aprender oficios y viejas tecnologías.
- ▷ Buscar formas de soberanía alimentaria.
- ▷ Construir nuevas formas de comunicar, generar círculos de seguridad.
- ▷ Aprender a vivir cada vez dependiendo menos del dios capital.

- ▷ Salir a disfrutar en soledad de un cielo estrellado, sin miedo a ser violada, asesinada y enterrada.
- ▷ Prescindir de tu ropa, a menos que sea invierno.
- ▷ Recoger lágrimas de machos, por si falta agua.
- ▷ Aprender a gozar de verdad, permítete aprender un instrumento musical o tu propio cuerpo, y haz melodías.
- ▷ Deshacerse de lo que sabes que es una familia, y permitirse crear tu propia tribu.
- ▷ Honrar a tu padre y a tu madre.
- ▷ Coger un espejo y aplicar la aceptación neutral.
- ▷ Tener una baraja de cartas a la mano para los tiempos de recreo/ocio y jugar unas partidas con tus compañeres de la revolución.
- ▷ Sentirse libre para inventar un mundo en el que puedas encajar tu desbordamiento.
- ▷ Elige tus mejores zapatillas y átalas bien, te serán muy útiles para saltar alguna grieta.
- ▷ Abrazar a tus compañeres sobrevivientes
- ▷ Prepararse para dejar atrás los límites taxonómicos para poder unirte a tus compas no-humanos.
- ▷ Intentar recordar todas las tecnologías no digitales que te enseñaron para manejarte en el nuevo mundo.
- ▷ Entrenar nuestros cuerpos para poder caminar largos caminos.
- ▷ **No perder el Sur.**

BIOGRAFÍAS

Anaís Córdova-Páez

Se dedica a reflexionar sobre cómo dialogan la política, la ecología, el género
y las imágenes en movimiento en la era del Internet. Su trabajo pone el
cuidado en el centro desafiando los procesos de producción y exhibición de
películas. Experimenta con cine, programa EQUIS Festival de Cine Feminista
(Ecuador) y UNSEEN (Croacia).

Caro Novella Centellas

Investigadora-creadora transfeminista, catalana, blanca y disca, trabajo en
salud desde el activismo, la ciencia feminista y las artes vivas experimentales.
En el 2011 creé *oncogrrrls*, en el 2018 *co-sentir lab*. y en 2021 me doctoré
en estudios del Performance por la Universidad de California. Estudio y
escribo, doy clases y facilito procesos creativos comunitarios. Intento cultivar
la humildad, jugar y moverme muy lento.

Ce Quimera

Investigo y practico en el terreno del arte con preguntas en torno a las identidades y las tecnociencias y tratando de no perder de vista el compromiso
con los saberes colectivos. Retomo la antropología, la biología y las relaciones
interespecie de manera indisciplinada, transfeminista, cuir y anticolonial.
Formo parte de Quimera Rosa, Pluriversidad Nómada y curo/cuido proyectos en el Wetlab de Hangar. Si me buscan por mi dni sería Cecilia Puglia
Gonzalez pero prefiero que me nombren Ce Quimera

danele sarriugarte mochales

escribe y traduce. ha publicado dos novelas, y varios relatos, y ha traducido al euskera obras de audre lorde y eva illouz, entre otras. colabora asiduamente en prensa, en medios como argia o pikara magazine. participa en el movimiento transfeminista y queer de donostia (euskal herria).

iki yos piña funes

Cimarrona-fugitiva. caribeñx, escritorx, performer, dibujante. Investiga archivos anticoloniales y disidencias sexuales, memorias negras del caribe y espiritualidades y tiempos ancestrales. Forma parte del colectivo Ayllu, la cooperativa Periferia Cimarrona y el gupo experimental de pensamiento negro radical "in the wake" del espacio afro en Madrid.

Kina Madno

Cofundadora e integrante de Quimera Rosa - www.quimerarosa.net - laboratorio de experimentación e investigación sobre identidades, cuerpos y tecnociencias, creado en Barcelona en 2008. Ahora mismo vive en Atenas donde participa en el proyecto Amoqa: Queer arts and politics - www.amoqa.net - y se está dedicando a la escritura de una novela de ficción-ciencia.

Lucía Egaña Rojas

Me dedico al arte, la escritura, la investigación, la pedagogía y las prácticas autoinstituyentes, situadas entre el reino de españa y latinoamérica Abya/Yala. Abordo los feminismos y la sexualidad, las metodologías, la tecnología, las relaciones de poder norte-sur, los procesos coloniales y migratorios, el extractivismo y el error. He formado parte de diversos colectivos, actualmente co-coordino la Pluriversidad Nómada.

http://luciaegana.net

Lucrecia Masson Córdoba

Con la impureza como principio, es escritora, investigadora y artista. Sus principales temas de indagación son cuerpos, animalidades y otros que humano, disidencias sexuales y corporales, desde una apuesta anticolonial. Forma parte del Colectivo Ayllu.

Natalia Rivera

Trabaja con medios emergentes digitales y bio, explorando las posibilidades de las tecnologías digitales como medio de apoyo mutuo entre entidades vivas. En el contexto de la creación de conocimiento indeterminado/queer, sus procesos son *indisciplinarios*, abiertos, colectivos, colaborativos y comunitarios, a través del laboratorio Mutante y la Red Suratómica.

Pablo Selín

Programador y artista de Santiago, Chile, viviendo en Barcelona, España. Colaborador técnico y/o creativo en diferentes iniciativas artísticas que involucran sistemas digitales, visualizaciones o manejos de datos en Internet. Participa también en diferentes proyectos de videojuegos y cómics.
https://pabloselin.itch.io

Tatiana Avendaño

Filósofa bastarda, *raver* y aprendiz de telepatía. Es parte del festival libre y gratuito Bogotrax, y fue cocreadora del encuentro de laboratorios de medios labSurlab. Con el proyecto Cuerpx Antenx desarrolla prácticas, protocolos y pensamientos que permitan expandir la capacidad de lxs cuerpxs para emitir y recibir señales.
https://cuerpxantenx.xyz/

Tau Luna Acosta

Artiste visual, investigadore, gestore, comisarie y docente. En su práctica investiga sobre la migración humana como acontecimiento ligado a la violencia colonial y sobre relaciones de escucha y memoria con seres migrantes másquehumanos por medio del cruce entre tecnologías ancestrales, científicas e intuitivas.

https://lunaacosta.net/

Thais de Menezes

Brasileña, investigadora, curadora independiente y actualmente desarrolla sus actividades entre Europa y Brasil. Investigadora residente en el MACBA y miembro del Programa de Estudios Independientes de la misma institución (España); fundadora y directora de la plataforma ATRAVESSA, en la ciudad de Oporto (Portugal) y activa entre otros proyectos educativos y sociales en la contra colonialidad.

val flores

Investigadora independiente, escritora, docente, activista de la disidencia sexual y performer. Su trabajo teórico y poético se sitúa en el cruce entre prácticas pedagógicas feministas y queer y prácticas artísticas, interrogando las escrituras y los cuerpos en las situaciones de (des)aprendizaje.

ESTE LIBRO SE TERMINÓ DE
IMPRIMIR EN FEBRERO DE 2024
CUANDO INTERNET CONSUME MÁS
DEL 3% DE LA ENERGÍA ELÉCTRICA
MUNDIAL PARA FUNCIONAR